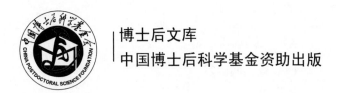

博士后文库
中国博士后科学基金资助出版

水曲柳体细胞胚胎发生
及其调控机理

杨 玲 著

科学出版社
北 京

内 容 简 介

本书简要介绍了水曲柳的生物学特性和应用价值、白蜡树属植物组织培养及植物体细胞胚胎发生和水曲柳体细胞胚胎发生的研究进展；重点介绍了以水曲柳成熟合子胚为外植体的体细胞胚诱导、增殖和成熟培养方法，水曲柳体细胞胚萌发和植株再生技术，并对水曲柳体细胞胚胎发生的形态学、细胞生物学和生物化学进行了分析，在此基础上分析了外源过氧化氢和一氧化氮对水曲柳体细胞胚胎发生及外植体细胞程序性死亡、外植体细胞内活性氧代谢和一氧化氮合成的调控作用，并对水曲柳体细胞胚胎发生中一氧化氮的合成途径进行了初步探讨，进而为阐述水曲柳体细胞胚胎发生调控机理提供理论和实验依据。

本书可作为植物组织培养研究相关科研人员、研究生的参考书。

图书在版编目（CIP）数据

水曲柳体细胞胚胎发生及其调控机理/杨玲著. —北京：科学出版社，2018.1

（博士后文库）

ISBN 978-7-03-055061-3

Ⅰ. ①水… Ⅱ.①杨… Ⅲ. ①水曲柳–体细胞–胚胎发生–研究 Ⅳ.①S792.410.1

中国版本图书馆 CIP 数据核字(2017)第 266373 号

责任编辑：张会格　陈　新　侯彩霞 / 责任校对：王　瑞
责任印制：肖　兴 / 封面设计：刘新新

科 学 出 版 社 出版

北京东黄城根北街 16 号
邮政编码：100717
http://www.sciencep.com

中国科学院印刷厂 印刷

科学出版社发行　　各地新华书店经销

*

2018 年 1 月第 一 版　　开本：720×1000 1/16
2018 年 1 月第一次印刷　　印张：10 3/4
字数：220 000

定价：98.00 元
（如有印装质量问题，我社负责调换）

《博士后文库》编委会名单

《博士后文库》序言

1985 年，在李政道先生的倡议和邓小平同志的亲自关怀下，我国建立了博士后制度，同时设立了博士后科学基金。30 多年来，在党和国家的高度重视下，在社会各方面的关心和支持下，博士后制度为我国培养了一大批青年高层次创新人才。在这一过程中，博士后科学基金发挥了不可替代的独特作用。

博士后科学基金是中国特色博士后制度的重要组成部分，专门用于资助博士后研究人员开展创新探索。博士后科学基金的资助，对正处于独立科研生涯起步阶段的博士后研究人员来说，适逢其时，有利于培养他们独立的科研人格、在选题方面的竞争意识以及负责的精神，是他们独立从事科研工作的"第一桶金"。尽管博士后科学基金资助金额不大，但对博士后青年创新人才的培养和激励作用不可估量。四两拨千斤，博士后科学基金有效地推动了博士后研究人员迅速成长为高水平的研究人才，"小基金发挥了大作用"。

在博士后科学基金的资助下，博士后研究人员的优秀学术成果不断涌现。2013年，为提高博士后科学基金的资助效益，中国博士后科学基金会联合科学出版社开展了博士后优秀学术专著出版资助工作，通过专家评审遴选出优秀的博士后学术著作，收入《博士后文库》，由博士后科学基金资助、科学出版社出版。我们希望，借此打造专属于博士后学术创新的旗舰图书品牌，激励博士后研究人员潜心科研，扎实治学，提升博士后优秀学术成果的社会影响力。

2015 年，国务院办公厅印发了《关于改革完善博士后制度的意见》（国办发〔2015〕87 号），将"实施自然科学、人文社会科学优秀博士后论著出版支持计划"作为"十三五"期间博士后工作的重要内容和提升博士后研究人员培养质量的重要手段，这更加凸显了出版资助工作的意义。我相信，我们提供的这个出版资助平台将对博士后研究人员激发创新智慧、凝聚创新力量发挥独特的作用，促使博士后研究人员的创新成果更好地服务于创新驱动发展战略和创新型国家的建设。

祝愿广大博士后研究人员在博士后科学基金的资助下早日成长为栋梁之才，为实现中华民族伟大复兴的中国梦做出更大的贡献。

中国博士后科学基金会理事长

前　　言

　　水曲柳是我国东北地区重要的珍贵阔叶树种，主要分布于小兴安岭、长白山、辽宁东部山地等广大地区。水曲柳材质优良，强度适中，纹理美观，木材利用价值极高，是著名的军事用材和高级家具用材，与胡桃楸、黄檗同称为"东北三大硬阔"。水曲柳是东北林区顶极群落红松针阔混交林的重要伴生树种之一。因此，水曲柳属于生态、经济双重重要树种。由于水曲柳开发历史较早，近年来其天然林资源越来越少，人工造林及其相关研究已经受到高度重视，造林更新的材料问题也成为备受关注的研究内容之一。

　　水曲柳的遗传改良起步较晚，目前仅有少量初级种子园，且产种量不大。如果仅使用种子繁殖方式育苗，满足不了大规模造林生产对遗传改良种苗的需要，必须开发其他有效方法，能够大量扩繁这有限的遗传改良过的繁殖材料，以满足实际生产需要。水曲柳生命周期长，仅使用传统育种方式难以在短时间内培育出各种遗传改良材料，因此必须结合现代生物工程育种手段。而要想进行生物工程育种，对水曲柳繁育生物学方面的深入了解是十分必要的。水曲柳体细胞胚胎发生系统不仅可以作为水曲柳繁育生物学研究、生物工程育种的模式体系，大大缩短遗传改良所需要的时间，而且还可以在短时间内大量扩繁有限的遗传改良过的繁殖材料，以满足大规模造林生产对遗传改良种苗的需要。因此，研究水曲柳体细胞胚胎发生体系具有重要的现实意义和良好的应用潜力，对水曲柳体细胞胚胎发生的调控机理的阐述具有重要学术价值。

　　本书以笔者博士后期间的研究课题为主线，集中反映了笔者多年来在水曲柳体细胞胚胎发生方面的最新研究成果。第 1 章介绍了水曲柳生物学特性和应用价值，白蜡树属植物组织培养、植物体细胞胚胎发生及水曲柳体细胞胚胎发生的研究进展；第 2 章主要介绍了水曲柳成熟合子胚的体细胞胚胎发生研究；第 3 章主要介绍了外源过氧化氢和一氧化氮对水曲柳体细胞胚诱导的影响；第 4 章主要介绍了水曲柳体细胞胚的增殖和植株再生培养；第 5 章主要介绍了水曲柳体细胞胚增殖材料的筛选和继代培养研究；第 6 章主要介绍了水曲柳体细胞胚萌发培养材料的筛选和植株再生能力分析；第 7 章主要介绍了水曲柳体细胞胚胎发生中的形态学和细胞生物学特征；第 8 章主要介绍了水曲柳体细胞胚胎发生过程中的生物化学研究；第 9 章主要介绍了外源过氧化氢和一氧化氮对水曲柳体细胞胚胎发生中外植体细胞程序性死亡的影响；第 10 章主要介绍了外源过氧化氢对水曲柳外植体细胞死亡和体细胞胚胎发生的影响及其相互关系；第 11 章主要介绍了外源过氧化氢对水曲柳外植体细胞胚胎发生中细胞内源过氧化氢代谢和一氧化氮合成的影响；第 12 章主要介绍了外源一氧化氮对水曲柳外植体细胞死亡和体细胞胚胎发生的影响及其相互关系；第 13 章主要介绍了外源一氧化氮对水曲柳外植体细胞胚胎发生中细胞内源过氧化氢代谢和一氧化氮合成的影响；第 14 章主要介绍了水曲柳体细胞胚胎发生中外植体细胞内一氧化氮信号的合成途径；第 15 章为结论与研究展望。

本书以笔者在东北林业大学生物学博士后流动站期间的研究成果为主线撰写而成。需要特别指出的是，书中部分内容是边磊、王晶和刘虹男硕士学位论文的部分内容，在使用时笔者作了修改和部分内容的重写，在此对他们表示衷心的感谢。本书的研究受到了中国博士后科学基金特别资助项目（2012T50320）、中国博士后科学基金面上资助项目（20110491015）、黑龙江省博士后科学基金资助项目（LBH-Z10284）、国家自然科学基金项目（31400535）、中央高校基本科研业务费资助项目（2572014CA13）和国家重点研发计划项目（2017YFD06006）的资助。本书在博士后合作导师李玉花教授和博士生导师沈海龙教授的精心指导下认真修改而成，是对李玉花教授和沈海龙教授以及我们历经多年所获得的相关研究成果的总结和升华。本书的研究成果对其他植物的组织培养研究具有借鉴意义，对我国无性系林业发展、植物工厂化生产和优良植物资源的可持续发展具有启示意义。由于笔者水平有限，不足之处在所难免，恳请各位读者不吝赐教！

著 者

2017 年 3 月

目　　录

1 绪 论

1.1 水曲柳概述

1.1.1 水曲柳生物学特性和应用价值

水曲柳（*Fraxinus mandshurica*）为木犀科白蜡树属的落叶乔木，是东北林区珍贵的三大硬阔叶树种之一。主要分布于小兴安岭、长白山、辽宁东部山地等广大地区，分布区海拔 200～1000m，是红松针阔混交林主要建群树种之一。水曲柳具有耐严寒、抗干旱、生长迅速、根系发达，以及材质优良、纹理秀美等特性，是建筑、室内装修、造船及制造军工器械和胶合板等的优良用材。由于树形圆阔、高大挺拔，是优良的绿化和观赏树种；另外水曲柳的树皮可入药，是治疗结核和外伤的传统药物，还可作为驱虫剂。由于水曲柳开发历史较早，近年来其天然林资源越来越少，人工造林及其相关研究已经引起高度重视，造林更新的材料问题也成为备受关注的研究内容之一。

1.1.2 水曲柳繁殖研究现状

1.1.2.1 水曲柳种子繁殖状况

水曲柳传统的繁殖方法是用种子播种繁殖，但由于水曲柳种子种皮坚韧，蜡质层厚，含油量高，导致水曲柳种子休眠期较长，采用一般处理方法不易出苗。采用鲜种处理法、混沙变温法、混雪变温法、隔年埋藏法和提前播种法等 5 种处理方法，可使种子在当年发芽（王文田等，2001）。另外，水曲柳种子还有长期休眠的习性，需要经过较长时间（240～270 天）的层积处理，才能打破种子休眠（赵玉慧和李森，1989）。

1.1.2.2 水曲柳嫁接扦插繁殖状况

水曲柳属于难生根树种。劈接、髓心形成层贴接、芽接 3 种嫁接方式中，劈接效果最好，成活率达到 89.8%；扦插结果以 4 年生以下母树扦穗效果最好，生根率均达到 60.0% 以上。用优树扦插后生长的嫩枝做插条，其生根率可提高 30.0% 左右。激素具有促进插条生根的作用，不同的无性系生根率差异很大，秋季栽植的插条生根率达到 70%（闫朝福等，1996）。

1.1.2.3 水曲柳组织培养研究状况

邢朝斌（2002）首先以水曲柳成熟种子下胚轴为外植体进行不定芽的诱导，发现木本植物用培养基（woody plant medium，WPM）非常有效，在添加适当浓度的细胞分裂素后，诱导率可达到100%。低浓度苯基噻二唑基脲（商品名为噻苯隆；thidiazuron，TDZ）诱导效果优于6-苄基腺嘌呤（6-benzylaminopurine，6-BA），吲哚丁酸（indole-3-butytric acid，IBA）对不定芽诱导无任何效果，2,4-二氯苯氧乙酸（2,4- dichlorophenoxyacetic acid，2,4-D）则抑制不定芽的发生。谭燕双（2003）对水曲柳营养器官和成熟种子进行不定芽诱导，发现以成熟种子的下胚轴为外植体诱导不定芽的效果最好，在MS+TDZ 0.1mg/L+萘乙酸（1-naphthylacetic acid，NAA）0.1mg/L 的培养基上不定芽诱导率为 89.6%；在腋芽增生研究中，成年树上营养器官的培养均失败，而无菌苗在 MS1/2+6-BA 1.5mg/L+NAA 0.1mg/L 的培养基上，腋芽增生率可达 61.5%。以带顶芽的茎段为外植体进行诱导得到了长势良好的愈伤组织，但未形成不定芽（邢朝斌，2002）。张惠君和罗凤霞（2003）以30 年生水曲柳未成熟胚为外植体进行胚培养的研究，发现在水曲柳发育的初期，胚培养不易成功，但当幼胚分化出子叶和胚根时，胚培养的成活率和成苗率均较高。不加任何激素的 WPM、MS、DKW 和 SH 培养基都可以作为幼胚培养基，但培养所得的无菌苗继代培养的分化率低。

水曲柳体细胞未成熟合子胚的单片子叶是诱导体细胞胚胎发生的最适外植体（孔冬梅，2004）。目前已经从未成熟和成熟的子叶期合子胚上诱导出体细胞胚，确定了适宜的外植体及其采集时间、适宜的外植体处理方式及基本培养基、激素组合、蔗糖添加量，并对合子胚和体细胞胚的发育过程进行了比较分析，对外植体取材时期和母树来源对水曲柳体细胞胚胎发生的影响，以及体细胞胚胎发生同步化等进行了初步系统的研究（张宇，2007；冯丹丹，2006；张丽杰，2006）。在研究过程中发现，水曲柳体细胞胚绝大多数产生于褐化外植体的表面。

1.2 白蜡树属植物组织培养的研究进展

1.2.1 白蜡树属种类及其分布

木犀科（Oleaceae）的植物有29 个属600 余种，广泛分布于世界各地的园林和广大林区。中国有 12 个属 200 余种（李雪梅，1999）。其中，白蜡树属（*Fraxinus*）的植物全球有 70 余种，广泛分布于北半球温带地区。我国有 20 余种，多为重要的用材树种和园林绿化树种，各地均有分布。此属植物树形端正，树干通直，枝叶繁茂，秋叶橙黄，抗性强，是优良的行道遮阴树；耐涝，抗烟尘，广泛应用于湖岸及工矿区的绿化。此属有水曲柳（*F. mandshurica*）、花曲柳（*F. rhynchophylla*）、白蜡树（*F. chinensis*）、欧洲白蜡（*F. excelsior*）、美国白蜡（*F. americana*）等多种具有很高经济价值的阔叶用材树种。水曲柳主要分布于我国东北和华北地区，以小兴安岭长白山林区为最多，朝鲜、日本、俄罗斯也有分布。水曲柳是东北珍贵的三大硬阔叶树种之一，是红松针阔混交林的主要伴生树种之一。

1.2.2　白蜡树属组织培养的研究现状

1.2.2.1　愈伤组织诱导培养研究

Gautheret（1934）最早进行了白蜡组织培养的尝试。他将包括欧洲白蜡在内的几个树种的维管形成层切成片状，放置在 Knop's（克诺普）培养基上，试验中没有获得愈伤组织和不定芽的再生。之后的几十年，白蜡的组织培养基本上没有取得任何突破性的进展。直到 1966 年，Wolter 和 Skoog 摸索出一种用于诱导毛白蜡愈伤组织并使之持续生长的专用培养基。这种固体培养基含 Reinert 和 White 的无机盐溶液，加上蔗糖、肌醇、吡哆醇等有机成分，以及 2,4-D 和细胞激动素（kinetin，KT）两种激素的不同浓度组合。试验证明，NAA 可以代替 2,4-D，赤霉素（gibberellin，GA_3）的添加可以明显提高愈伤组织的产量；愈伤组织能够持续生长，但是其生长速度明显不如草本植物的快。研究中依然没有关于体细胞胚胎发生和器官发生的报道，但这是白蜡组织培养历史上的一个转折点，关于白蜡的组织培养研究从此全面展开。白蜡愈伤组织的分化较难，目前仅美国白蜡通过愈伤组织诱导出再生植株（Bates et al.，1992；Preece and Bates，1991）。

1.2.2.2　离体细胞胚培养研究

Finch-Savage 和 Clay（1995）进行白蜡树属树种离体细胞胚的培养，能够获得萌生的小植株。他们认为抑制欧洲白蜡胚萌发的是胚周围的组织——胚乳和种皮。Arrillaga 等（1992）证明用各种方法处理未经层积处理的花白蜡（*F. ornus*）完整种子，都不能明显提高种子的发芽率，但将种子浸泡 24h 后，取出胚进行离体的胚培养，胚萌发率高达 90%以上。因此，他们认为离体细胞胚培养可以解除种子休眠。Brearley 等（1995）将成熟的合子胚经过简单脱水处理，当胚的含水量降为 12%～14%后，在液氮中进行快速冷冻处理，然后再进行胚培养，其萌发率为 63%。Preece 等（1995）对种子外植体进行了研究，将切开的成熟种子进行离体培养，其发芽率和幼苗的长势均高于未切开的完整种子。

1.2.2.3　腋芽增殖及植株再生的组织培养

腋芽增殖再生植株是白蜡植株再生应用最多的形态发生形式，它与器官发生植株再生的培养程序基本相同，不同之处在于幼芽的原始来源。腋芽增殖中的幼芽来自外植体中现存的腋芽原基。腋芽增殖再生植株的优点：再生植株在遗传上比较稳定，自发变异频率低；植株再生所需时间短，植株粗壮，适应性强，移栽成活率高。

白蜡组织培养研究已在多个树种实现了器官发生和腋芽增殖再生植株（Hammatt，1994；Tabrett and Hammatt，1992；Hammatt and Ridout，1992）。目前通过腋芽增殖获得再生植株的有美国白蜡、欧洲白蜡、对节白蜡（*F. hupehensis*）、青榕、花白蜡等（Silvrira and Cottignies，1993）。利用腋芽增生途径进行美国白蜡植株再生是由 Preece 等（1987）首次报道的。试验以 WPM 为基本培养基，添加 5mg/L 或 10mg/L 的 6-BA，5 个月后，平均每个培养物上可以获得 3.5 个增生的腋芽。增生的腋芽在添加 IBA 的 WPM 培养基上或不添加生长调节剂的无菌蛭石上生根，移至温室和大田中能够成活。Navarrete 等（1989）在 MS 培养基中加入 0.225mg/L 6-BA+0.66mg/L TDZ+0.203mg/L IBA，显著提高了美国白蜡幼树腋芽的增殖率。诱导出来的丛生芽在试管内生根，移至温室中能够成活。

1.2.2.4 体细胞胚胎发生的组织培养

体细胞胚胎发生因其细胞单起源，繁殖速度快，且可干化贮藏，因而成为目前植物组织培养中备受青睐的微繁方式。体细胞胚胎发生植株再生一般包括胚性培养物的诱导、胚性培养物的保持和增殖、体细胞胚的成熟和萌发及再生植株（孔冬梅等，2003）。白蜡也可以通过体细胞胚胎发生的途径进行植株再生，1987 年，Preece 等首次报道了白蜡的体细胞胚胎发生。他们以美国白蜡（*F. americana*）切开的成熟种子为外植体，在 22.5%左右的外植体上成功诱导出体细胞胚并获得了再生植株。自从成功诱导出体细胞胚并获得再生植株以后，白蜡树属植物的体细胞胚胎发生研究日渐深入。除有大量报道关于白蜡树属植物体细胞胚胎发生中各培养阶段影响因素，如外植体（Preece and Bates，1995）、基本培养基（Preece and Bates，1995）、激素（Preece et al.，1989）、培养条件（Tonon et al.，2001）等的研究外，近些年也有关于其发生机理及控制的研究，用以更好地应用体细胞胚胎发生技术。Tonon 等（2001）在细叶白蜡的种子上成功诱导出体细胞胚并获得再生植株。孔冬梅（2004）首次利用水曲柳未成熟种子的子叶为外植体诱导出体细胞胚。随后边磊在 2013 年以水曲柳成熟种子的子叶为外植体研究出了一套较完善的体细胞胚胎发生体系，并成功获得了再生植株。Capuana 等（2007）也成功诱导出欧洲白蜡的体细胞胚并获得再生植株。同时人们还利用组织学研究白蜡树属植物的体细胞胚发育。但是还未见有关白蜡树属植物体细胞胚胎发生体系大规模应用于生产的报道，同时还有很多白蜡树属树种的体细胞胚胎发生技术未见报道。相比拟南芥等模式植物，白蜡树属植物的体细胞胚胎发生技术仍处于研究初期，还有许多问题需要进一步探讨。

1.3　植物体细胞胚胎发生的研究进展

1.3.1　体细胞胚胎发生及其特点

植物的体细胞胚胎发生（somatic embryogenesis）是指二倍体或单倍体的体细胞在特定条件下，未经性细胞融合而通过与合子胚胎发生类似的途径发育出新个体的形态发生过程（黄学林和李筱菊，1995）。在离体培养中通过植物的体细胞胚胎发生途径形成再生植株已是非常普遍的现象，在裸子植物、被子植物上均有报道（Mathieu et al.，2006）。该发生途径是在离体培养条件下植物体细胞的一个基本发育途径（Ghanti et al.，2010）。

植物细胞全能性概念的提出为人们发现胚状体提供了理论基础。Steward 等（1958）发现胡萝卜（*Daucus carota*）根细胞在离体条件下产生一种与合子胚类似的结构，并发育形成完整的植株，首先实现了植物的体细胞胚胎发生过程，并证明了细胞全能性的假说。Rao 和 Ozias-Akins（1985）首次报道的檀香（*Santalum album*）体细胞胚胎发生研究，拉开了林木体细胞胚胎发生研究的序幕。在 20 世纪 80 年代后期到 90 年代，体细胞胚胎发生技术得到了迅速的发展，并取得了很大的成功。已从 200 多种植物上观察到体细胞胚胎发生现象，包括被子植物中几乎所有重要的科，还有一些裸子植物（蔡正旺等，2014）。

植物的体细胞胚胎发生体系被认为是研究胚胎发育过程中形态发生、生理生化及分子生物学变化的良好替代体系（黄学林，2012；崔凯荣等，1998a，1998b）。其体细胞胚胎发生重演了合子胚发生的过程，但与合子胚相比，具有繁殖数量多、速度快、结构完整等特点（Ikeda et al.，2006）。植物体细胞胚胎发生过程经历了球形胚、心形胚、鱼雷形胚和子叶形胚阶段，与合子胚发生过程相似，是形成再生植株最完全的一种方式，表明植物细胞具有全套遗传信息。同时所形成的体细胞胚具有类似合子胚的两极性，在发育的早期便从反向的两端分化出胚根和胚芽（杨玲和沈海龙，2011）。但与合子胚不同是，体细胞胚一般没有真正的胚柄，只有类似胚柄的结构，发育的晚期胚柄便退化了（崔凯荣和戴若兰，2000）。体细胞胚形成后，与母体的维管束系统联系较少，很容易从母体植株或愈伤组织上分离下来，即出现生理隔离现象。形成的体细胞胚子叶常不规范，体积明显小于同时期的合子胚。体细胞胚胎发生体系具有相对稳定的遗传性状，能形成体细胞胚的只有未经畸变或变异很小的细胞，从而直接分化成小植株，因此其形成再生植株的变异性相比于器官发生途径要小很多（陈金慧等，2003）。

1.3.2　体细胞胚胎发生的意义

自从在胡萝卜中通过体细胞胚胎发生途径形成再生植株，人们从多种植物中均实现了体细胞胚胎发生。因该技术形成的再生植株数量多、速度快、结构完整等特点，人们将体细胞胚胎发生技术应用到多个领域，并实现了许多珍稀或重要树种体细胞工程育苗的产业化（Warren，1991）。①体细胞胚胎发生途径是细胞全能性表达最完全的一种方式。因而从理论上，为植物细胞分化、全能性表达及其机理等理论问题研究提供了最理想的实验体系（Zimmerman，1993；李修庆，1990）。②通过体细胞胚胎发生途径形成的再生植株一般相对稳定，并且再生率高，为人工种子制作并育苗、种质资源保存和植物快繁奠定了基础，可用于挽救濒临灭绝的植物（Ipekci and Gozukirmizi，2003；Castillo et al.，1998；Piccioni and Standardi，1995；Carlson and Hartle，1995；王仑山等，1993）。③实践生产中，在植物细胞基因组中导入外源基因，通过体细胞胚胎发生定向改良植物，创建新品种，提供给细胞工程和基因工程一种新的操作方法。④体细胞胚胎发生过程中通常会出现不同程度的变异，也可以通过愈伤组织克隆和原生质体克隆，或在细胞水平上进行诱变，然后对这些突变个体进行选育研究，为新品培育提供了新方法（郑企成等，1991）。

1.3.3 植物体细胞胚胎发生的关键环节

1.3.3.1 胚性培养物的诱导

胚性培养物的诱导是外植体细胞重排其发育方向，由分化状态转化为脱分化状态的过程（沈海龙，2005）。植物体细胞胚胎发生方式通常分为直接发生和间接发生两种，前者由外植体直接发育而成，后者则需经过愈伤组织阶段，或从已经形成体细胞胚的一部分细胞再发育成体细胞胚（曾超等，2014；Von Arnold et al.，2002）。大多数植物，尤其是木本植物的体细胞胚胎发生方式主要为间接发生，只有少量树种同时具备两种发生方式（Gaj，2004）。间接发生的外植体在胚性培养物诱导阶段，通常向培养基中添加适宜种类和浓度的生长调节物质。对于针叶树等较难发生的树种，一般选用成熟或未成熟合子胚作为外植体。培养基中无机物和有机物的浓度、生长素和细胞分裂素的比例是诱导技术的关键，不同浓度的激素其诱导效果差异很大。

1.3.3.2 胚性培养物的继代与增殖

在体细胞胚和胚性愈伤组织被诱导出来以后，为了保持胚性再生能力，需要通过继代增殖以诱导次生体细胞胚的形成和阻止胚的成熟。相比胚性诱导培养，继代增殖培养中对激素浓度需求相对较低，也有需要添加新激素种类的。有研究报道，不添加外源激素依然能保持胚性细胞的生长与分化能力，但适量的外源激素更有利于培养物的生长和胚分化能力的保持。胚性愈伤组织从高激素含量的诱导培养基继代到低浓度或完全去除激素的基本培养基上，体细胞胚就会逐步形成。增殖继代时对外界环境条件的要求与诱导时基本一致。

体细胞胚重复增殖次生体细胞胚过程中，会从初生体细胞胚的子叶和胚根部位的表面产生次生体细胞胚（杨玲等，2011）。这种增殖方式即为体细胞胚直接再生方式，其增殖系数较低。产生的次生体细胞胚的体积比同　发育阶段的初生体细胞胚的小（吴雅琴等，2006）。有研究表明，体细胞胚发育程度对增殖效果有影响，越是幼龄的体细胞胚，其再生次生体细胞胚的能力越大。还有一种增殖方式是间接再生方式，即体细胞胚出现胚性愈伤化，再从胚性愈伤组织上间接产生体细胞胚。该途径增殖系数高。诱导出的胚性培养物继代间隔时间不宜过长，一般不超过 4 周，否则培养基中会积累有害物质毒害培养物。另外，继代次数也会影响胚性保持能力，有研究表明，随继代次数增加，体细胞胚再生能力下降（陈金慧等，2000）。

1.3.3.3　体细胞胚的成熟

木本植物体细胞胚成熟过程起始于体细胞胚发育，经历球形胚、心形胚、鱼雷形胚和子叶形胚阶段。合理的培养基是诱导体细胞胚发育成功的关键之一。成熟培养基需要高浓度的渗透调节剂，如脱落酸（abscisic acid，ABA）、聚乙二醇（polyethylene glycol，PEG）等，从而控制体细胞胚发育。体细胞胚的干物质、蛋白质及多糖含量都明显低于合子胚，这可能导致体细胞胚胎发生后期出现体细胞胚的畸形化、玻璃化和愈伤组织化等现象，影响体细胞胚成熟效果（赖钟雄，2003）。

1.3.3.4　体细胞胚的萌发与成苗

体细胞胚的萌发是指经过一段时间的培养后体细胞胚开始逐渐产生根的现象；而成苗则是指随着体细胞胚根系的生长逐渐产生幼小的体细胞胚苗，最终实现完整植株的过程。与增殖培养基一样，体细胞胚的萌发同样不需要较高的激素浓度和渗透压，大多数植物成熟的体细胞胚在无激素或低渗透压的培养基中均能正常萌发。

1.3.4　植物体细胞胚胎发生的影响因素

植物的体细胞胚胎发生是一个复杂的过程，受多种内因和外因的影响，其中外植体自身发育阶段和生理状态对体细胞胚胎发生成功与否起关键作用，离体培养下外植体的生长和发育方向则由培养基和生长调节剂决定。只有合理地调节内因和外因的影响，才能获得大量高质的体细胞胚。

1.3.4.1 基因型

基因型是影响植物体细胞胚胎发生的主要内因。不同基因型的植物，即使外植体和培养基等条件相同，其体细胞胚诱导率之间的差异依然很大。这可能是因为基因型不同，最适诱导培养条件差异很大。

1.3.4.2 外植体

植物具有细胞全能性，其各器官均可以产生体细胞胚，如胚乳、子叶、花药、根、茎段、叶片等。木本植物所采用的外植体一般为胚性器官，即成熟或未成熟合子胚，而茎段、叶片等非胚性器官则相对较少。按体细胞胚胎发生方式，合子胚多数是直接体细胞胚胎发生，非胚性器官主要为间接体细胞胚胎发生。成功的体细胞胚胎发生不仅依赖于外植体来源和选择部位，而且与外植体的发育程度和生理状态也有很大关系（Merkle，1996）。植物组织分化程度越低，其体细胞胚诱导率越高（Ruaud et al.，1992）。因此，外植体筛选是体细胞胚胎发生成功的重要前提。

1.3.4.3 培养基成分

培养基成分对体细胞胚胎发生的影响是最复杂的，其包含的基本培养基、生长调节物质及一些附加物质的种类很多，因此关于体细胞胚胎发生培养基组分的研究很多（崔凯荣等，1993）。目前，最常用的基本培养基有 MS、DCR、WPM 等及各种改良培养基。体细胞胚胎发生过程中，通常在培养基中添加不同种类和浓度的外源激素与生长调节物质来控制体细胞胚发育的方向，但当搭配不当时，会抑制植物细胞的生长和代谢。渗透调节剂都是高度水合性的多羟基分子，在体细胞胚胎发生的各个阶段都发挥着重要作用。蔗糖、PEG、甘露糖醇等均可作为渗透调节剂促进体细胞胚胎发生（Gaj et al.，2006）。培养基中添加活性炭用于吸附产生的代谢废物及培养基中的部分激素，可以促进体细胞胚胎发生。

1.3.4.4 培养条件

植物体细胞胚胎发生的培养方式有 3 种：固体培养、液体培养和固-液结合培养。固体培养基上的体细胞胚生长率和质量都较高；而液体培养中培养物的供氧情况较好，方便体细胞胚的分离、筛选和收集（王进茂等，2004）。组织培养一般在光下进行。暗培养对体细胞胚胎发生过程中体细胞胚诱导、发育和成熟十分关键，而体细胞胚萌发生根则需要在光下进行。

1.3.5　植物体细胞胚胎发生的组织细胞学研究

1.3.5.1　组织胚胎学过程

关于植物体细胞胚胎发生的组织胚胎学研究人们已经积累了大量的资料，对其组织胚胎发育过程也已经比较明确。许多研究表明，胚性愈伤组织和非胚性愈伤组织在表面结构上存在着明显的差异。胚性愈伤组织细胞体积较小，大小均一，细胞核大，细胞质浓，细胞排列紧密，多以细胞团形式存在，呈球形；非胚性愈伤组织细胞体积较大，细胞核小，细胞质稀薄，不易成团，细胞之间孔隙较多（陈金慧等，2005；陈建中等，1998）。

植物的不同组织和器官的外植体在离体培养条件下诱导体细胞胚胎发生都有相似的过程，而且与相应的合子胚发生过程相似。但二者的胚胎发生方式不同。体细胞胚胎发生是一个多步骤的再生过程，经历了体细胞胚的形成、成熟、干燥、植株再生（Von Arnold et al.，2002）。体细胞胚可以直接从原外植体不经过愈伤组织阶段或经历愈伤组织阶段发育形成，前者为直接发生方式，后者为间接发生方式（汤浩茹等，1999）。有些植物的体细胞胚胎发生以直接发生为主（达克东等，2004；汤浩茹等，1999），有些植物的体细胞胚胎发生以间接发生为主（张秦英等，2004；闫国华和周宇，2002；何业华等，2000）。一般以成熟器官或成熟的合子胚作为外植体的体细胞胚胎发生多为间接发生；以幼嫩的器官或未成熟合子胚为外植体的体细胞胚胎发生多为直接发生。除了外植体的影响，体细胞胚胎发生方式还与植物生长调节剂种类和浓度等因素有关。

对于被子植物来说，其体细胞胚发育一般经历早期原胚、球形胚、心形胚、鱼雷形胚和子叶形胚继而发育成完整植株（达克东等，2004；孙清荣等，2003）。利用扫描电子显微镜（scanning electron microscope，SEM）对杂交鹅掌楸（*Liriodenron chinense* × *tulipifera*）体细胞胚胎发生发育途径的研究结果表明，胚性细胞迅速增殖，其中一些细胞形成体细胞胚的原始细胞，依次经历球形胚、心形胚、鱼雷形胚和子叶形胚发育成完整植株（陈金慧等，2005）。在苹果叶片直接体细胞胚胎发生中，依次经过原胚、球形胚、心形胚和子叶形胚阶段，继而形成新的再生植株（孙清荣等，2003）。油桃（*Prunus persica* var. *nectarina*）花后55天和70天的幼胚经过诱导得到胚性愈伤组织，进而可见处于球形期、心形期、鱼雷形期及子叶形期等各发育时期的体细胞胚。在单子叶植物中，晚期的球形胚由于胚体的拉长而成为梨形，称为梨形胚。梨形胚进一步发育形成具有类似胚芽鞘和胚根鞘结构或胚芽和胚根的成熟胚（崔凯荣和戴若兰，2000）。与被子植物相比，松杉类植物体细胞胚有其独特的结构、增殖方式和发育过程。其体细胞胚胎发生属于间接发生途径，主要分为胚性愈伤组织的诱导、继代与增殖、体细胞胚成熟和萌发几个阶段。松杉类植物中的胚性愈伤组织也称为胚性胚柄团，由两类细胞组成，一类是体积较小的胚头细胞，另一类是高度液泡化且延长的胚柄细胞。胚胎学家 Singh 认为，松杉类的胚胎发育过程包括原胚团时期、胚胎形成早期和胚胎形成晚期 3 个阶段。在胚性愈伤组织增殖阶段，是胚头细胞不断分裂，细胞聚合体不断扩大，同时形成多个大的液泡化细胞的胚柄的过程。在早期胚阶段，体细胞胚纵向延伸，胚柄细胞开始退化，到体细胞胚发育晚期，体细胞胚分化出子叶、胚根及胚芽，完成全部的分化过程（汪小雄等，2006；吕守芳等，2004）。

1.3.5.2　细胞起源分析

关于植物体细胞胚的起源问题，现在还没有定论。越来越多的人认为，绝大多数体细胞胚起源于单细胞（张健等，2005；刘华英等，2004；林荣双等，2003）。一些种的体细胞胚胎发生同时存在单细胞与多细胞起源（Rodrigues et al.，2005）；借助于电子显微镜技术、同位素脉冲标记及激光共聚焦显微镜技术等可以从多种植物中观察到单个胚性细胞、不均等分裂或均等分裂的二细胞原胚、多细胞原胚、球形胚直到成熟胚。而 Cangahuala-Inocente 等（2004）对费约果（*Feijoa sellowiana*）体细胞胚胎发生中形态学和组织化学的分析则认为，费约果的体细胞胚起源于分生组织正中心或一群细胞。油茶（*Camellia oleifera*）体细胞胚可直接起源于表皮或近表皮的单细胞原胚或者多细胞团。其中，单细胞原胚先分裂形成二细胞原胚，二细胞原胚再进一步分裂后聚集形成多细胞团，最终经过球形胚、梨形胚、心形胚发育形成一个完整的体细胞胚（张智俊等，2004）。

1.3.5.3　细胞超微结构分析

利用扫描电子显微镜和投射电子显微镜技术结合组织学分析，可以对体细胞胚胎发生早期的外植体细胞之间以及细胞内细微的变化进行更深入的了解。总结前人关于胚性细胞和体细胞胚的超微结构的研究主要集中在以下两方面：一个是研究胚性细胞形成和体细胞胚发育过程中内部细胞器、物质含量的代谢和变化等，为体细胞胚胎发生的生理生化研究提供理论依据；另一个研究着眼点就是胚性细胞的形成和体细胞胚胎发生的分子机理和信号转导，如对细胞壁的结构和形态、胞间连丝的消失、细胞程序性死亡等与体细胞胚胎发生关系的研究等内容。

1.3.5.4　细胞程序性死亡研究

1. 细胞程序性及其死亡形态特征

细胞程序性死亡（programmed cell death，PCD）是一种受基因控制的、主动的、有序的细胞死亡过程。PCD 在生物的生长发育中，特别是在细胞和组织的生长、特化、形态建成与防病抗病过程中发挥着重要作用（史刚荣，2002）。在植物胚胎发生发育的各个过程中，为了及时排除多余或损伤的细胞，从而使有机体正常行使功能，使胚胎更好地发育，细胞程序性死亡发挥着极其重要的作用。

发生 PCD 的细胞一般具有不同于坏死的独特的形态和生化特征，即 PCD 通常是以细胞收缩、核浓缩、染色质边缘化、核 DNA 被剪切成寡聚核小体大小的片段并最终被膜包围形成 PCD 小体为特征（Liljeroth and Bryngelsson，2001）。发生 PCD 的细胞在后期被诱导产生核酸内切酶，核 DNA 在核小体间降解断裂，产生带有 3'-OH 端的寡聚核小体片段，这些片段在凝胶电泳上可以明显地表现出特异的 180～200bp 或其整数倍片段的 DNA 梯度（Liljeroth and Bryngelsson，2001）。植物 PCD 与动物细胞凋亡的特征基本相似（朱白婢等，2006；崔克明，2000），但也有不同，如动物细胞凋亡后很快被邻近细胞吞噬降解，而植物中由于没有巨噬细胞和中性粒细胞，因此它不像动物细胞能够自我吞噬死亡细胞，其内容物降解很可能是靠液泡侵蚀，液泡裂解受细胞自身调节，液泡膜破裂，释放许多水解酶，引起细胞死亡（Jones，2001；Endo et al.，2001）。

2. 细胞程序性死亡的调控机理

植物的细胞死亡过程是在受到内源信号或外源环境信号刺激后所启动的（李林等，2016）。根据发生 PCD 的初始信号类型的不同，可以分为两大类：一类是植物细胞通过自身内源信号引发的 PCD。在植物生长发育的各个阶段，都存在不同类型的细胞执行其特定的功能，当这些功能完成后，相应的细胞就会死亡，如糊粉层（Wang et al.，1996a）、胚柄（Domínguez et al.，2002）和胚乳细胞的退化，导管的分化、通气组织的形成（Mittler and Lam，1995），根冠细胞的脱落（Wang et al.，1996b），雌雄配子体的发育（Domínguez et al.，2001），单性花的形成（Delong et al.，1993）。并且发生 PCD 的细胞具有特异性和时空性，即在某一时期、某一阶段只有一些特定区域的特定类型的细胞才能发生 PCD（苏立娟等，2005）。另一类是植物细胞受到外界信号分子刺激所引发的 PCD，如在环境胁迫因子的作用下（如病原体感染、高盐、低温、低氧、热敷、臭氧、紫外线损伤、低浓度毒素、重金属等），植物为抵御不良环境的侵害，相关信号因子诱导植物体的特定部位发生 PCD，这是植物在应对各种环境时自身进化出的一种适应能力。

研究发现，植物细胞 PCD 是主要由特定基因群编码、信号转导和酶 3 个方面所调控的复杂过程（图 1-1）。一般将 PCD 的发生过程分为 3 个阶段：第一个阶段（决策期），当细胞个体接收到细胞内外的各种信号判断是否继续存活；第二个阶段（发动期），细胞需要对所接收到的指令转导；第三个阶段（执行期），细胞最终执行死亡（Ban et al.，2000）。关于主要参与植物 PCD 的信号分子有活性氧（reactive oxygen species，ROS）、NO、Ca^{2+}和激素等。大量研究发现，ROS 参与

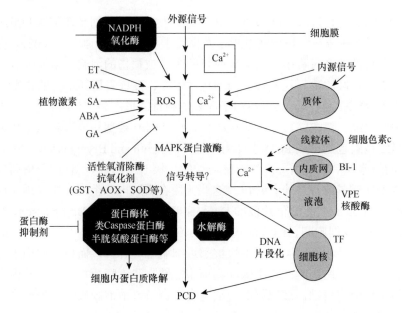

图 1-1　植物细胞程序死亡调控机理模式图（贺新强和吴鸿，2013）

了多种环境胁迫因子所诱发的植物 PCD 的过程（贺新强和吴鸿，2013；Pan et al.，2002）。NO 作为植物细胞诱发 PCD 的重要内源调节因子，与 ROS 协同作用共同介导植物细胞死亡（Torres et al.，2006）。Ca^{2+}是一种胞内信号分子，能够刺激产生 ROS 和 NO 在细胞内的积累，后者作为蛋白酶活性的上游信号分子参与调控 PCD 过程（Wilkins et al.，2011；Thomas and Franklin-Tong，2004）。激素也与植物 PCD 密切相关，在喜树碱诱导番茄（*Lycopersicon esculentum*）悬浮细胞死亡中发现，外源添加乙烯能够促进喜树碱诱导的 H_2O_2 的产生和细胞死亡（De et al.，2002）。乙烯能够与多种信号分子共同诱发 PCD 的发生。

3. 植物胚胎发育中细胞程序性死亡的作用

在生物体内，PCD 的功能包括形成特化组织，参与器官形态发生，重新分配营养，清除已完成任务及无用细胞、保护植物体等作用。而在植物胚胎发育过程中，从已有的资料来看，PCD 的作用主要表现在两个方面：清除已完成功能的细胞（如胚柄细胞和糊粉层细胞）和清除无用的细胞（如植物生殖过程中败育的大孢子和小孢子及其他无用的生殖细胞）（吴俊华，2006；王玲和宁顺斌，2000）。

4. 植物体细胞胚胎发生与 PCD 的关系

成功的胚胎发生依赖于细胞程序性死亡（Correia and Canhoto，2010；Maraschin et al.，2005；Bozhkov et al.，2002）。已知针叶树［以挪威云杉（*Picea abies*）和欧洲冷杉（*Abies alba*）为代表］体细胞胚胎发生中存在 PCD 现象，并且人们对体细胞胚胎发生中的两个 PCD 高峰进行了详细阐述（Petrussa et al.，2009）。第 1

个 PCD 高峰是撤除生长调节剂诱导的前胚胎发生细胞群(PEM)向胚胎转化中 PEM 中细胞的消减。人为抑制细胞死亡减弱了 PEM 中胚胎的形成,表明 PEM 中的 PCD 是正常胚胎发育的必需过程(Petrussa et al.,2009)。这个观点可以被 PEM 中 PCD 缺陷的细胞系实验证明(Smertenko et al.,2003)。在针叶树体细胞胚胎发生模式系统中,第 2 个 PCD 高峰影响了早期胚胎胚柄的末端分化。细胞死亡发生在从胚柄基部端由上向下的细胞分解增强的梯度中(Smertenko et al.,2003)。但目前针叶树体细胞胚胎发生过程中 PCD 的调控机理尚未见到报道。

被子植物体细胞胚胎发生中也存在 PCD 现象,例如,棉花(*Gosypium hirsutum*)悬浮培养细胞及大麦(*Hordeum vulgare* cv.‘Igri’)小孢子培养中的 PCD(Petrussa et al.,2009;夏启中等,2005;吴家和等,2003)。棉花体细胞胚胎发生中存在两次 PCD 高峰,在这两次 PCD 高峰后 1 周均出现愈伤组织大规模的褐化死亡,在具有褐色斑点的愈伤组织上能发生胚的分化,没有出现褐色斑点的愈伤组织则没有胚的分化。因此认为棉花愈伤组织褐化可能与细胞程序性死亡(PCD)有关(吴家和等,2003)。但尚未见到对此推论做进一步研究的报道。

程序性死亡的明确特征,如 DNA 降解、染色质凝聚和 Caspase 类似蛋白酶活性,在植物 PCD 中同样被观察到了相似的现象(Reape and McCabe,2008)。进一步研究证实了在植物 PCD 中涉及线粒体的作用(Reape and McCabe,2008;Vianello et al.,2007)。

1.3.6　植物体细胞胚胎发生中活性氧的研究

1.3.6.1　活性氧种类

氧在维持生命的同时也会被活化,形成活性氧(reactive oxygen species,ROS)。活性氧是通过生物体内自身代谢产生的氧代谢产物及其衍生的含氧物质,包括游离态的自由基和非游离态的分子。自由基包括超氧阴离子(O_2^-)、羟自由基($\cdot OH$)、过氧羟自由基($HO_2\cdot$)、烷氧基($RO\cdot$)和烷过氧基($ROO\cdot$);分子包括过氧化氢(H_2O_2)、氢过氧化物(ROOH)和单线态氧($^1O_2$)(邢更妹等,2000)。其特点是具有很强的氧化性能,只能瞬间存在,极不稳定,并进行持续的连锁反应(Mittler et al.,2004;Mittler,2002;Foyer and Noctor,2000)。

1.3.6.2　活性氧在植物体内的代谢

植物细胞在进行正常生理代谢过程中会不断产生活性氧,但也会被细胞内的清除系统不断清除,始终保持活性氧处于一个很低的水平,以维持细胞正常的生命活动。当受到一些生物或非生物胁迫时,植物细胞的这种平衡就会被打破,积累大量的活性氧,与植物体内的蛋白质、脂类和 DNA 反应,从而对植物造成氧化伤害。

在植物细胞的正常代谢过程中，可通过多条途径产生活性氧。植物体内 ROS 的产生途径及部位：①叶绿体类囊体膜上，PS I 和 PS II 在光合电子传递的过程中均产生 O_2^-；②线粒体内膜上，组成呼吸链的复合体 I（NADH 脱氢酶复合体）和复合体 III（泛醌-Cytb-c1 还原酶）在电子传递过程中产生 O_2^-；③过氧化物酶体中，黄嘌呤氧化酶（xanthine oxidase，XO）催化黄嘌呤氧化产生 O_2^-，乙醇酸氧化酶催化乙醇酸氧化产生 H_2O_2；④细胞壁和胞外空隙也可产生 O_2^-。O_2^- 在超氧化物歧化酶（superoxide dismutase，SOD）催化下产生 H_2O_2。植物细胞质不能直接产生 H_2O_2，只能通过其他细胞器产生的 H_2O_2 漏泄进入细胞质（Foreman et al., 2003）。在光下，ROS 主要来源于叶绿体；在黑暗或非光合组织中，主要来源于线粒体。

植物细胞内活性氧主要通过 SOD、抗坏血酸过氧化物酶（ascorbate peroxidase，APX）和过氧化氢酶（catalase，CAT）清除，即酶促清除系统。SOD 与 APX 或 CAT 活性的平衡对于稳定细胞内 O_2^- 及 H_2O_2 的浓度具有重要作用。这种平衡与金属离子的捕获机理一起被认为在防止依赖于金属的 Haber-Weiss 或 Fenton 反应机理的 HO 的形成中起重要作用。除此之外，还有非酶促清除系统，包括植物体内的维生素 E、抗坏血酸、甘露醇及还原性谷胱甘肽等抗氧化物质。

1.3.6.3 植物体细胞胚胎发生中的抗氧化系统

在植物体细胞胚胎发生过程中，必然存在氧化胁迫的影响和活性氧代谢规律。人们发现胁迫对植物体细胞胚诱导具有重要作用（Karami and Saidi, 2010）。研究表明，适当浓度的 H_2O_2 对体细胞胚胎发生具有一定的促进作用（崔凯荣等, 1998）。在宁夏枸杞（*Lycium barbarum*）体细胞分化的研究中，适当添加低浓度的 H_2O_2 有利于体细胞胚的分化，反之则抑制。并且体细胞胚分化过程中内源 H_2O_2 含量高于相应的继代愈伤组织（邢更妹等, 2000）。此外，活性氧在植物细胞信号转导过程中扮演着十分重要的角色。人们已知 NO 和活性氧之间的相互作用导致了植物细胞的死亡（Balestrazzi et al., 2011；Víteček et al., 2007；De Pinto et al., 2002）。在银白杨（*Populus alba*）悬浮培养细胞 PCD 中观测到 NO 合成增强和培养基中 H_2O_2 的释放（Balestrazzi et al., 2011）。对大麦（*Hordeum vulgare*）小孢子体细胞胚胎发生的研究表明，在胚胎发生悬浮培养的早期阶段，H_2O_2 的产生伴随着胁迫诱导的 PCD 增强。NO 在胁迫后的两个离体系统中起作用：一个是在胚胎发生悬浮培养的 PCD 中，另一个是在小孢子母细胞重排过程中细胞分裂启动形成胚胎发生中（Rodríguez-Serrano et al., 2012）。对小麦（*Triticum aestivum*）水浸胁迫的研究表明，抗坏血酸和甘露醇能够缓解在水浸诱导下胚乳细胞中 PCD 的进程，并揭示了 ROS 在胚乳细胞 PCD 中扮演着重要的角色，发现 CAT 和 SOD 活性直接影响两种不同水浸胁迫下培养的小麦 ROS 的积累，最后导致加速了胚乳中 PCD 的进行（Cheng et al., 2016）。

关于植物体细胞胚胎发生和发育过程中抗氧化剂系统的研究已有较多报道（詹园凤等，2006；臧运祥等，2004）。研究表明，SOD、过氧化物酶（peroxidase，POD）和 CAT 三种酶相互作用共同调控体细胞胚的分化和发育进程，并可以作为判断体细胞胚分化程度的指标。例如，龙眼（*Dimocarpus longan*）体细胞胚胎发生过程中 SOD 基因家族的克隆和基因表达调控研究已经完成，Mn-SOD 和 Cu-Zn/SOD 表达量的增加与龙眼体细胞胚的分化程度成正比（赖钟雄，2003）。在枸杞体细胞胚胎发生过程中，SOD 活性变化趋势与 POD 和 CAT 活性变化趋势相反，三种保护酶相互配合来调节胚性细胞的分化与发育过程（崔凯荣等，1998）。添加 SOD 抑制剂二乙基二硫代氨基甲酸（diethyldithiocarbamate，DDC），发现体细胞胚胎发生率下降，胚性细胞形成受阻（邢更妹等，2000），这说明 SOD 活性与细胞分化和体细胞胚形成有关。SOD 活性升高可作为花楸树（*Sorbus pohuashanensis*）胚性细胞分化及胚胎早期发育的一个判断指标（张建瑛等，2007）。

1.3.7　植物体细胞胚胎发生中 NO 的研究

1.3.7.1　植物中一氧化氮的研究进展

一氧化氮（nitric oxide，NO）是一种具有水溶性和脂溶性的气体小分子，容易跨膜扩散，近年来被认为是一种在植物中普遍存在的关键信号分子。早在 20 世纪 70 年代末，就已经发现植物可以释放 NO，并且 NO 能够促进植物生长（程红焱和宋松泉，2005）。Delledonne 等（1998）和 Durner 等（1998）发表了两篇具有里程碑作用的论文，提出了 NO 是植物的防御信号后，促进了 NO 植物生理学研究的迅猛发展。

NO 作为一种气体自由基，具有未配对电子，易得到或失去电子，一般以 3 种形式存在：一氧化氮自由基（$NO \cdot$）、亚硝酸正离子（NO^+）和亚硝酸负离子（NO^-）（Wojtaszek，2000）。NO 一旦产生便易在细胞内和细胞间扩散，并且半衰期较短。NO 能与 O_2 快速反应生成 NO_2，之后快速降解为硝酸根和亚硝酸根离了。大量研究表明，NO 是生物体中一种重要的氧化还原信号分子和毒性分子，也是一种活性氮（RNS），既参与植物很多生理过程，如种子萌发、根和叶片的生长发育、气孔运动、光合作用、呼吸作用、细胞运输、细胞死亡、其他基础代谢过程及抗逆反应等（Zhang and He，2009；Wilson et al.，2008；Wu et al.，2006）。NO 又可作为重要的信号分子与众多信号途径密切相关具有协同作用，这些信号途径包括活性氧、茉莉酸、水杨酸、促有丝分裂原活化蛋白激酶途径和 Ca^{2+} 信号途径等（Wendehenne et al.，2004）。

1.3.7.2　植物中一氧化氮的合成途径

在植物中存在几种潜在的产生 NO 的途径（图 1-2），主要包括一氧化氮合酶

（nitric oxide synthase，NOS）、硝酸还原酶（nitrate reductase，NR）、黄嘌呤氧化还原酶（xanthine oxidoreductase，XOR）和非酶促反应途径。由哪种途径产生 NO，主要取决于物种、细胞/组织、植株的生长条件及在专一条件下信号途径的活性（程红焱和宋松泉，2005）。

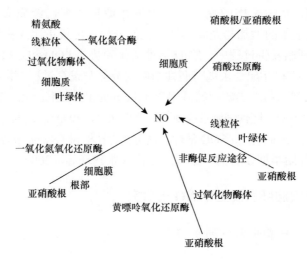

图 1-2　植物体内 NO 的产生（张洪艳等，2009）

1. 一氧化氮合酶

在哺乳动物中，NOS 催化 L-精氨酸生成 L-瓜氨酸和 NO，在此反应中 NADPH 和分子氧是必需的。NOS 的活性首次在豆科植物黎豆（*Mucuna hassjoo*）中被检测到。此后，在大豆（*Glycine max*）细胞提取物、烟草花叶病毒（tobacco mosaic virus，TMV）感染烟草（*Nicotiana tabacum*）植株、白羽扇豆（*Lupinus albus*）的根和根瘤及拟南芥（*Arabidopsis thaliana*）机械刺激诱导 NO 的产生中均检测到了 NOS 的活性，并能够被 NOS 抑制剂左旋单甲基精氨酸（L-NMMA）抑制（马玉涵等，2014）。NOS 主要参与细胞凋亡、抗病害、气孔的关闭和根的形成等胁迫响应及生理代谢过程（马玉涵等，2014）。尽管众多实验证据表明植物 NOS 的存在，但至今尚未得到植物的 NOS 基因或蛋白质，植物中是否存在类似于哺乳动物的 NOS 只是一个推测，其相关基因和蛋白质的分离或许只是技术和时间的问题（赵志光等，2002）。

2. 硝酸还原酶

硝酸还原酶（nitrate reductase，NR）作为植物产生 NO 的另一种来源，是高等植物体内控制碳代谢和氮代谢的关键酶和限速酶。NR 以 NAD（P）H 作为电子供体，催化硝酸盐转化为亚硝酸盐。NR 催化产生 NO 的研究在大豆叶片（Klepper，1987；Dean and Harper，1986）、向日葵（*Helianthus annuus*）叶片、菠菜（*Spinacia oleracea*）叶片（Rockel et al.，2002）、烟草根系（Stöhr et al.，2001）中已经展开。研究发现此过程不能被 NOS 抑制剂抑制，可被叠氮化钠、谷胱甘肽或无氧条件所抑制。NR 主要参与了植物气孔关闭，开花、根的形成、种子萌发、固氮作用、细菌的侵染、胁迫响应（干旱、低温、缺氧、盐、重金属）和生理代谢过程，已成为植物内调控一氧化氮最为重要的一种合成酶（马玉涵等，2014）。

3. 黄嘌呤氧化还原酶和非酶促反应

黄嘌呤氧化还原酶（xanthine oxidoreductase，XOR）是含有钼的还原酶。虽然已经在植物中发现了 XOR 的活性，但关于 XOR 活性和信号转导的研究还较少（张洪艳等，2009）。此外，植物还可以通过多种非酶促途径合成，如 NO 的供体硝普钠（SNP）、*S*-亚硝基-*N*-乙酰青霉胺（SNAP）和吗啉-斯德酮亚胺（SIN-1）（刘新等，2003）。

1.3.7.3 一氧化氮与活性氧在植物细胞程序性死亡中的信号转导作用

许多研究证实 NO 和 ROS 之间的相互作用决定了植物细胞是否死亡。在银白杨（*Populus alba*）悬浮培养细胞 PCD 中观测到了 NO 合成增强和培养基中 H_2O_2 的释放（Balestrazzi et al.，2011）。NO 和 ROS 共同作用诱导了大豆悬浮细胞体系中宿主细胞死亡（Zhao et al.，2001）。NO 不能单独引起大豆悬浮细胞的 PCD，植物是否发生 PCD 可以由 NO/超氧阴离子的值决定。如果超氧阴离子的水平高于 NO，则两者反应生成过氧化亚硝酸，并不引起 PCD；而当 NO 水平高于超氧阴离子时，两者反应并引发 PCD。NO 和 ROS 协同作用还可提高植物抗性。病原体侵入植物细胞，产生大量的 ROS，并伴随 NO 的迅速产生，直接杀灭病菌（Delledonne et al.，2001）。Delledonne 等（1998）的研究结果表明，诱导植物产生足够强的抗病力，胁迫产生的 ROS 是不足够的，只有和 NO 协同作用才能激活植物抗病防卫基因的表达及过敏性反应（hypersensitive response，HR）的诱导。Durner 等（1998）也发现在 H_2O_2 存在下，外源添加 NO 可诱导烟草和大豆细胞中调控 IIR 和 PAL 等防卫基因的表达。而 NOS 抑制剂处理能阻止烟草和拟南芥植株的过敏性抗病反应。另外，H_2O_2 和 NO 相互依赖，共同参与了对气孔运动的调节。García -Mata 和 Lamattina（2002）发现，H_2O_2 能够诱导保卫细胞胞质 NO 的形成，同时其诱导作用可以被 PTIO 所清除和 L-NAME 所阻断，证明 NO 可以和 H_2O_2 协同作用诱导气孔关闭。

NO 的细胞内信号反应包括环鸟苷酸、环腺苷二磷酸核糖的产生和细胞质 Ca^{2+} 浓度的增加（Franklintong and Gourlay，2008），但对其信号转导途径及其生物化学和细胞学本质还不十分清楚。目前，在多种植物细胞 PCD 过程中人们同时观测到了 ROS 和 NO 的增强释放（Balestrazzi et al.，2011）。但关于植物体细胞胚胎发生过程中细胞内 ROS 和 NO 的信号级联及它们的分子网络与植物 PCD 的关系还不明确，尚需要进一步的研究。

1.4 水曲柳体细胞胚胎发生的研究进展

1.4.1 水曲柳体细胞胚胎发生的研究意义

水曲柳是我国东北地区重要的珍贵阔叶树种，主要分布于小兴安岭、长白山、辽宁东部山地等广大地区。水曲柳材质优良，强度适中，纹理美观，木材利用价值极高，是著名的军事用材和高级家具用材，与胡桃楸（*Juglans mandshurica*）、黄檗（*Phellodendron amurense*）共同被称为"东北三大硬阔"。水曲柳是东北林区顶极群落红松针阔混交林的重要伴生树种之一。因此，水曲柳属于生态、经济双重重要树种。

水曲柳的遗传改良起步较晚，目前仅有少量初级种子园，且产种量不多。如果仅使用种子繁殖方式育苗，满足不了大规模造林生产对遗传改良种苗的需要，必须开发其他有效方法，能够大量扩繁这有限的遗传改良过的繁殖材料，以满足实际生产需要。水曲柳生命周期长，仅使用传统育种方式难以在短时间内培育出各种遗传改良材料，必须结合现代生物工程育种手段。而要想进行生物工程育种，对水曲柳繁育生物学方面的深入了解是十分必要的。水曲柳体细胞胚胎发生系统不仅可以作为水曲柳繁育生物学研究、生物工程育种的模式体系，大大缩短遗传改良所需要的时间，而且还可以实现在短时间内大量扩繁有限的遗传改良过的繁殖材料，以满足大规模造林生产对遗传改良种苗的需要。因此，研究水曲柳体细胞胚胎发生体系具有重要的现实意义和良好的应用潜力。

1.4.2 水曲柳体细胞胚胎发生的研究现状

1.4.2.1 体细胞胚的诱导和同步化

目前，关于水曲柳体细胞胚胎发生的相关研究已经取得了很大进展。孔冬梅（2004）首次以未成熟水曲柳种子的合子胚为外植体，诱导获得了水曲柳体细胞胚。对于采种时期及母树来源对水曲柳体细胞胚胎发生的影响也有所研究，研究者认为取材时期是水曲柳合子胚体细胞胚胎发生的关键影响因素之一；且不同采种地区母树来源的子叶形体细胞胚诱导频率不同；同一采种地区不同母树来源的子叶形体细胞胚诱导频率相差较大（孙桂君等，2010；冯丹丹，2006；张丽杰，2006）。用 4℃低温预处理未成熟的水曲柳种子，结果表明，4℃低温预处理对水曲柳体细胞胚胎发生没有促进作用，对畸形胚的发生也没有起到控制作用，只是在一定程度上改善了正常体细胞胚胎发生的潜力（李楠等，2009）。体细胞胚胎发生的同步化调控结果显示，在前期体细胞胚诱导培养 15 天时，蔗糖浓度降为 50g/L，水曲柳体细胞胚的同步化率最高，但在体细胞胚发育过程中存在明显败育现象；在前期诱导 30 天时，ABA 浓度为 1mg/L 的处理最适合水曲柳体细胞胚的同步化调控，且无明显的败育现象，但畸形胚发生率明显升高；在前期诱导 15 天时，低温条件下冷冻 7 天的处理最有利于水曲柳体细胞胚的同步化，但同步化率明显低于前两种处理；综合结果可看出，仅靠单一因素来调节体细胞胚的发育很难获得高质量、同步化的水曲柳体细胞胚，且认为前期诱导培养 15 天时最有利于水曲柳体细胞胚的同步化（张宇，2007）。有关水曲柳体细胞胚的成熟及促进萌发，相关研究结果表明，添加 70g/L 蔗糖、2g/L 活性炭和 30g/L PEG，对体细胞胚成熟具有明显的促进作用；添加低浓度的细胞分裂素更有利于体细胞胚的成熟；添加活性炭能明显促进体细胞胚的萌发，且单独添加 0.2mg/L 6-BA，体细胞胚的萌发效果最好（孙桂君，2009）。最近，以未成熟合子胚为材料进行水曲柳的体细胞胚胎发生和植株再生体系的研究已经有了系统的进展（Kong et al.，2012）。

1.4.2.2 体细胞胚的组织细胞学观察

水曲柳体细胞胚的发生有单细胞和多细胞起源两种方式，发生于子叶外植体表面或愈伤组织表面的体细胞胚为单细胞起源，发生于愈伤组织内部的体细胞胚则为多细胞起源。体细胞胚的发生经历了原胚、球形胚、心形胚、鱼雷形胚和子叶形胚阶段。在球形胚后期至心形胚发育前期可见胚柄的形成，随着心形胚的发育，胚柄逐渐退化消失；同时，在心形胚阶段已经出现维管束的分化，鱼雷形胚后期可见维管束呈明显的"Y"字形，与母体组织相独立，表现出明显的极性（Kong et al.，2012）。

1.4.3 研究中存在的问题

1.4.3.1 外植体褐化原因的解释不完善

在以往的研究中发现，水曲柳体细胞胚胎发生过程中伴随着外植体褐化现象，外植体褐化程度会随着培养时间的延长而逐渐加深，且自身一直处于生长状态，而体细胞胚绝大多数发生于褐化外植体的表面，并且生长状态良好，与棉花体细胞胚胎发生中的情况一致（李官德等，2006）。通过植物生长调节物质调节、生理生化分析和蛋白质组学等分析方法发现，褐化外植体产生体细胞胚的能力较强且体内具有较高水平的内源 H_2O_2，认为多酚及其氧化酶在体细胞胚胎发生中具有一定作用（刘春苹，2009）。通过添加 3 种可能影响褐化的酶及对外植体褐化有影响的过氧化氢的研究发现，适当浓度的多酚氧化酶（polyphenol oxidase，PPO）处理能有效促进早期外植体褐化，同时使最终体细胞胚胎发生率显著提高，但外植体生长受到抑制；SOD 和葡糖氧化酶（glucose oxidase，GOD）处理均可使外植体褐化提前，但体细胞胚胎发生率都较低；低浓度 H_2O_2 处理促进外植体的褐化，高浓度处理对外植体的生长、初步褐化具有抑制作用，并且均对体细胞胚胎发生产生抑制（孙倩，2012）。体细胞胚胎发生与细胞程序性死亡之间的关系研究已有较多报道（Maraschin et al.，2005；Smertenko et al.，2003；Dyachok et al.，2002；McCabe et al.，1997；Jones and Dangl，1996；Havel and Durzan，1996；McCabe and Pennell，1996）。例如，吴家和等（2003）的研究表明，棉花组织培养中愈伤组织褐化与细胞程序性死亡（PCD）有关。基于前期关于外植体褐化原因的分析结果及其与 PCD 的关系的想法，笔者推测水曲柳的早期体细胞胚胎发生伴随着外植体细胞的 PCD 过程。

1.4.3.2 早期胚胎形成中的细胞形态发生不清楚

水曲柳早期胚胎形成中存在胚柄结构，但在后期的胚胎发育过程中胚柄结构消失（Kong et al.，2012）。胚柄是一种最终分化的结构，会通过 PCD 在早期胚胎形成的后期消失（Filonova et al.，2002，2000）。在挪威云杉体细胞胚胎发生中已经证明，早期的体细胞胚胎发生在 PCD 的不同时期沿着其顶点-基点轴有一个细胞梯度，由胚团中活着的分生组织细胞开始到死去的胚柄末梢结束，从活细胞到死亡细胞的转化伴随着细胞形态和细胞质结构的改变（Smertenko et al.，2003）。基于现有的水曲柳体细胞胚胎发生组织细胞学研究结果和挪威云杉等针叶树种的相关研究，笔者推测水曲柳体细胞胚胎发生中可能也存在这样的细胞梯度，但细胞形态和结构究竟是如何变化的？这种变化对于原胚团向胚胎的转化有什么积极的意义？是否和已知的针叶树种体细胞胚胎发生具有相似的规律？尚需实验研究以明确。

然而，目前为止，水曲柳体细胞胚胎发生体系仍不稳定，体细胞胚诱导发生率低。虽然已经对高畸形胚发生率和外植体褐化现象做了初步研究，但这些问题依然限制了后期水曲柳体细胞胚的成熟、萌发、生根及驯化成活的研究和利用。

参 考 文 献

边磊. 2013. 基于成熟合子胚外植体的水曲柳高频体胚发生研究. 哈尔滨: 东北林业大学硕士学位论文.

蔡正旺, 刘静, 杨松杰. 2014. 植物体细胞胚胎发生影响因素研究进展. 安康学院学报, 26(4): 101-104.

陈建中, 盛炳成, 徐惠瑛. 1998. 早熟苹果杂交一代的种胚培养. 南京农业大学学报, 21(2): 30-33.

陈金慧, 施季森, 甘习华, 等. 2005. 杂交鹅掌楸体细胞胚胎发生的扫描电镜观察. 南京林业大学学报(自然科学版), 29(1): 75-78.

陈金慧, 施季森, 诸葛强, 等. 2003. 植物体细胞胚胎发生机理的研究进展. 南京林业大学学报 (自然科学版), 27(1): 75-80.

陈金慧, 王洪云, 诸葛强, 等. 2000. 林木体胚发生技术进展. 林业科技开发, 14(3): 9-11.

程红焱, 宋松泉. 2005. 植物一氧化氮生物学的研究进展. 植物学通报, 22(6): 723-737.

崔凯荣, 陈克明, 王晓哲, 等. 1993. 植物体细胞胚胎发生研究的某些现状. 植物学通报, 10(3): 14-20.

崔凯荣, 戴若兰. 2000. 植物体细胞胚胎发生的分子生物学. 北京: 科学出版社: 8-9.

崔凯荣, 任红旭, 邢更妹, 等. 1998a. 枸杞组织培养中抗氧化酶活性与体细胞胚发生相关性的研究. 兰州大学学报(自然科学版), 34(3): 93-99.

崔凯荣, 邢更生, 秦琳, 等. 1998b. 利用 mRNA 差别显示技术分析枸杞体细胞胚胎发生早期基因的差别表达. 遗传, 20(5): 17-20.

崔克明. 2000. 植物细胞程序死亡的机理及其与发育的关系. 植物学通报, 17(2): 97-107.

达克东, 张松, 臧运祥, 等. 2004. 苹果离体叶片培养直接体细胞胚胎发生的形态学研究. 核农学报, 18(2): 118-120.

冯丹丹. 2006. 外植体的母树来源对水曲柳体细胞胚胎发生的影响. 哈尔滨: 东北林业大学硕士学位论文.

何业华, 胡芳名, 谢碧霞. 2000. 经济林木离体培养研究进展. 中南林学院学报, 20(1): 31-39.

贺新强, 吴鸿. 2013. 植物发育性细胞程序死亡的发生机制. 植物学报, 48(4): 357-370.

黄学林. 2012. 植物发育生物学. 北京: 科学出版社: 45-59.

黄学林, 李筱菊. 1995. 高等植物组织离体培养的形态建成及其调控. 北京: 科学出版社: 179-180.

孔冬梅. 2004. 水曲柳体细胞胚胎发生及体细胞胚和合子胚的发育. 哈尔滨: 东北林业大学博士学位论文.

孔冬梅, 谭燕双, 沈海龙. 2003. 白蜡树属植物的组织培养和植株再生. 植物生理学通讯, 39(6): 677-680.

赖钟雄. 2003. 龙眼生物技术研究. 福州: 福建科学技术出版社.

李官德, 肖娟丽, 罗晓丽, 等. 2006. 不同棉花愈伤组织状态与胚胎发生及其植株再生的关系. 山西农业科学, 34(1): 29-31.

李林, 谭康, 唐秀光, 等. 2016. 拟南芥根毛衰老死亡过程的 PCD 检测. 植物学报, 51(2): 194-201.

李楠, 孔冬梅, 沈海龙. 2009. 低温预处理对水曲柳体细胞胚胎发生的影响. 植物生理学通讯, 45(6): 579-582.

李修庆. 1990. 植物人工种子研究. 北京: 北京大学出版社: 71-80.

李雪梅. 1999. 木犀科与北方园林. 辽宁师专学报, 1(1): 104-106.

林荣双, 王庆华, 梁丽琨, 等. 2003. TDZ 诱导花生幼叶的不定芽和体细胞胚胎发生的组织学观察. 植物研究, 23(2): 169-172.

林玉玲. 2011. 龙眼体胚发生过程中 SOD 基因家族的克隆及表达调控研究. 福州: 福建农林大学博士学位论文.

刘春苹. 2009. 水曲柳体胚发生伴随外植体褐化的生理机制及差异蛋白研究. 哈尔滨: 东北林业大学硕士学位论文.

刘华英, 萧浪涛, 鲁旭东, 等. 2004. 柑橘体细胞胚胎发生的组织细胞学研究. 果树学报, 21(4): 311-314.

刘新, 张蜀秋, 娄成后. 2003. 植物体内一氧化氮的来源及其与其他信号分子之间的关系. 植物生理学通讯, 39(5): 513-518.

吕守芳, 张守攻, 齐力旺, 等. 2004. 落叶松体细胞胚胎发生研究进展. 林业科学研究, 17(3): 392-404.

马玉涵, 蒋圣娟, 张晓龙, 等. 2014. 植物一氧化氮合成(清除)体系及其生理作用的研究进展. 中国农学通报, 30(15): 241-250.

沈海龙. 2005. 植物组织培养. 北京: 中国林业出版社.

史刚荣. 2002. 植物细胞程序性死亡. 生物学教学, 27(1): 34-35.

苏立娟, 靳颖, 吕琳, 等. 2005. 植物有性生殖过程中的细胞程序性死亡. 首都师范大学学报(自然科学版), 26(2): 69-76, 84.

孙桂君. 2009. 水曲柳体细胞胚胎成熟与萌发促进研究. 哈尔滨: 东北林业大学硕士学位论文.

孙桂君, 孔冬梅, 沈海龙. 2010. 取材时期和母树来源对水曲柳体细胞胚诱导的影响. 东北林业大学学报, 38(1): 28-30.

孙倩. 2012. 外源酶和 H_2O_2 处理对水曲柳合子胚外植体的褐化及体胚发生的影响. 哈尔滨: 东北林业大学硕士学位论文.

孙清荣, 刘庆忠, 赵瑞华. 2003. 西洋梨叶片直接再生体细胞胚. 园艺学报, 30(1): 85-86.

谭燕双. 2003. 水曲柳组织培养外植体的筛选及植株再生的途径. 哈尔滨: 东北林业大学硕士学位论文.

汤浩茹, 王永清, 任正隆. 1999. 果树的体细胞胚胎发生. 四川农业大学学报, 17(1): 69-79.

汪小雄, 卢龙斗, 郝怀庆, 等. 2006. 松杉类植物体细胞胚胎发育机理的研究进展. 西北植物学报, 26(9): 1965-1972.

王进茂, 杨敏生, 杨文利, 等. 2004. 我国木本植物体细胞胚胎发生研究进展. 河北林果研究, 19(3): 295-301.

王玲, 宁顺斌. 2000. 植物生殖与胚胎发育过程中的细胞程序性死亡. 湖北民族学院学报(自然科学版), 18(2): 1-7.

王仝山, 高清祥, 王亚馥, 等. 1993. 小麦耐盐变异体的筛选. Ⅰ. 小麦体细胞胚性无性系的建立. 兰州大学学报, 29(4): 208-211.

王文田, 王乐祥, 王业隆. 2001. 再论水曲柳种子处理催芽方法. 吉林林业科技, 30(1): 52-54.

吴家和, 张献龙, 聂以春. 2003. 棉花体细胞增殖和胚胎发生中的细胞程序性死亡. 植物生理与分子生物学学报, 29(6): 515-520.

吴俊华. 2006. 植物细胞程序性死亡的研究进展. 生命科学仪器, 4: 37-43.

吴雅琴, 赵艳华, 刘国俭, 等. 2006. 甜樱桃体细胞胚胎发生及植株再生的研究. 华北农学报, 2: 125-128.

夏启中, 张献龙, 聂以春, 等. 2005. 撤除外源生长素诱发棉花胚性悬浮细胞程序性死亡. 植物生理与分子生物学学报, 31(1): 78-84.

邢朝斌. 2002. 水曲柳的无菌发芽与胚轴的离体再生. 哈尔滨: 东北林业大学硕士学位论文.

邢更妹, 李杉, 崔凯荣, 等. 2000. 植物体细胞胚胎发生中抗氧化系统代谢动态和程序性细胞死亡. 生命科学, 12(5): 214-216.

闫朝福, 杨文学, 齐桂芬, 等. 1996. 水曲柳扦插技术. 林业科技, 21(2): 1-3.

闫国华, 周宇. 2002. 桃幼胚离体培养再生植株的研究. 园艺学报, 29(5): 480-482.

杨玲, 沈海龙. 2011. 花楸树体细胞胚与合子胚的发生发育. 林业科学, 47(10): 63-69.

臧运祥, 郑伟尉, 孙仲序, 等. 2004. 植物胚状体发生过程中主要代谢产物变化动态研究进展.

山东农业大学学报(自然科学版), 35(1): 131-136.

曾超, 代金玲, 白玉娥, 等. 2014. 林木体细胞胚胎发生影响因子研究进展. 安徽农业科学, 42(16): 5100-5103.

詹园凤, 吴震, 金潇潇, 等. 2006. 大蒜体细胞胚胎发生过程中抗氧化酶活性变化及某些生理特征. 西北植物学报, 26(9): 1799-1802.

张洪艳, 赵小明, 白雪芳, 等. 2009. 植物体内一氧化氮合成途径研究进展. 西北植物学报, 29(7): 1496-1506.

张惠君, 罗凤霞. 2003. 水曲柳未成熟胚的离体培养研究. 林业科学, 39(3): 63-69.

张健, 吕柳新, 黄春梅, 等. 2005. 柑桔体细胞胚的发生及其发育过程中淀粉粒动态研究. 洛阳师范学院学报, 5: 104-106.

张建瑛, 杨玲, 沈海龙. 2007. 花楸体细胞胚胎发生过程中抗氧化酶活性的变化. 植物生理学报, 43(2): 264-268.

张丽杰. 2006. 取材时期对水曲柳合子胚外植体体细胞胚胎发生的影响. 哈尔滨: 东北林业大学硕士学位论文.

张秦英, 陈俊愉, 申作连. 2004. 不同激素对"美人"梅叶片离体培养的影响及其细胞学观察. 北京林业大学学报, 26: 42-44.

张宇. 2007. 水曲柳体细胞胚胎发生的同步化调控. 哈尔滨: 东北林业大学硕士学位论文.

张智俊, 金晓玲, 罗淑萍, 等. 2004. 油茶子叶体细胞胚形成的细胞学观察. 植物生理学通讯, 40(5): 570-572.

赵玉慧, 李森. 1989. 解除水曲柳种子休眠的方法的研究. 林业科技, 62: 3-4.

赵志光, 谭玲玲, 王锁民, 等. 2002. 植物一氧化氮(NO)研究进展. 植物学通报, 19(6): 659-665.

郑企成, 朱耀兰, 陈文华, 等. 1991. 小麦体细胞无性系变异. 植物学通报, 8(S1): 9-14.

朱白婢, 李春强, 卢加举, 等. 2006. 植物细胞程序性死亡的研究进展. 分子植物育种, 4(3): 11-15.

Arrillaga I, Lerman V, Segura J. 1992. Micropropagation of juvenile and adult flowering ash. Journal of the American Society for Horticultural Science, 119(2): 346-350.

Balestrazzi A, Agoni V, Tava A, et al. 2011. Cell death induction and nitric oxide biosynthesis in white poplar (*Populus alba*) suspension cultures exposed to alfalfa saponins. Physiologia Plantarum, 141(3): 227-238.

Ban N, Nissen P, Hansen J, et al. 2000. The complete atomic structure of the large ribosomal subunit at 2.4 Å resolution. Science, 289(5481): 905-920.

Bates S, Preece J E, Navarrete N E. 1992. Thidiazuron stimulates shoot organogenesis and somatic embryogenesis in white ash (*Fraxins anericana* L.). Plant Cell Tissue and Organ Culture, 31(1): 21-29.

Bozhkov P V, Filonova L H, Von Arnold S. 2002. A key developmental switch during Norway spruce somatic embryogenesis is induced by withdrawal of growth regulators and is associated with cell death and extracellular acidification. Biotechnology and Bioengineering, 77(6): 658-667.

Brearley J, Henshaw G G, Daver C. 1995. Cryopreservation of *Fraxinus excelsior* L. zygotic embryos. Cryo Letters, 16(4): 215-218.

Cangahuala-Inocente G C, Steiner N, Santos M, et al. 2004. Morphohistological analysis and histochemistry of *Feijoa sellowiana* somatic embryogenesis. Protoplasma, 224(1-2): 33-40.

Capuana M, Petrini G, Di Marco A, et al. 2007. Plant regeneration of common ash (*Fraxinus excelsior* L.) by somatic embryogenesis. In Vitro Cellular & Developmental Biology-Plant, 43(2): 101-110.

Carlson W C, Hartle J E. 1995. Manufactured seeds of woody plants. Somatic Embryogenesis in Woody Plants, 1: 253-263.

Castillo B, Smith M A L, Yadava U L. 1998. Plant regeneration from encapsulated somatic embryos of *Carica papaya* L. Plant Cell Reports, 17(3): 172-176.

Cheng X X, Min Y, Nan Z, et al. 2016. Reactive oxygen species regulate programmed cell death progress of endosperm in winter wheat (*Triticum aestivum* L.) under waterlogging. Protoplasma, 253(2): 311-327.

Correia S M, Canhoto J M. 2010. Characterization of somatic embryo attached structures in *Feijoa sellowiana* Berg. (Myrtaceae). Protoplasma, 242: 95-107.

De J, Yakimova E T, Kapchina V M, et al. 2002. A critical role for ethylene in hydrogen peroxide release during programmed cell death in tomato suspension cells. Planta, 214(4): 537-545.

De Pinto M C, Tommasi F, De Gara L. 2002. Changes in the antioxidant systems as part of the signaling pathway responsible for the programmed cell death activated by nitric oxide and reactive oxygen species in tobacco bright-yellow 2 cells. Plant Physiology, 130(2): 698-708.

Dean J V, Harper J E. 1986. Nitric oxide and nitrous oxide production by soybean and winged bean during the *in vivo* nitrate reductase assay. Plant Physiology, 82(3): 718-723.

Delledonne M, Xia Y, Dixon R A, et al. 1998. Nitric oxide functions as a signal in plant disease. Nature, 394(6693): 585-588.

Delledonne M, Zeier J, Marocco A, et al. 2001. Signal interactions between nitric oxide and reactive oxygen intermediates in the plant hypersensitive disease resistance response. Proceedings of the National Academy of Sciences of the United States of America, 98(23): 13454-13459.

Delong A, Calderonurrea A, Dellaporta S L. 1993. Sex determination gene *TASSELSEED2* of maize encodes a short-chain alcohol dehydrogenase required for stage-specific floral organ abortion. Cell, 74(4): 757-768.

Domínguez F, González M, Cejudo F J. 2002. A germination-related gene encoding a serine carboxypeptidase is expressed during the differentiation of the vascular tissue in wheat grains and seedlings. Planta, 215(5): 727-734.

Domínguez F, Moreno J, Cejudo F J. 2001. The nucellus degenerates by a process of programmed cell death during the early stages of wheat grain development. Planta, 213(3): 352-360.

Durner J, Wendehenne D, Klessig D F. 1998. Defense gene induction in tobacco by nitric oxide, cyclic GMP, and cyclic ADP-ribose. Proceedings of the National Academy of Sciences, 95(17): 10328-10333.

Dyachok J V, Wiweger M, Kenne L, et al. 2002. Endogenous nod-factor-like signal molecules promote early somatic embryo development in Norway spruce. Plant Physiology, 128(2): 523-533.

Endo S, Demura T, Fukuda H. 2001. Inhibition of proteasome activity by the TED4 protein in extracellular space: a novel mechanism for protection of living cells from injury caused by dying cells. Plant Cell Physiology, 42(1): 9-19.

Filonova L H, Bozhkov P V, Brukhin V B, et al. 2000. Two waves of programmed cell death occur during formation and development of somatic embryos in the gymnosperm, Norway spruce. Journal of Cell Science, 113(24): 4399-4411.

Filonova L H, Von Arnold S, Daniel G, et al. 2002. Programmed cell death eliminates all but one embryo in a polyembryonic plant seed. Cell Death and Differentiation, 9(10): 1057-1062.

Finch-Savage W E, Clay H A. 1995. Influence of embryo restraint during dormancy loss and germination of *Fraxinus excelsior* seeds//Ellis R H, Black M. Basic and Applied Aspects of Seed Biology. Proceedings of the Fifth International Workshop on Seeds: 245-253.

Foreman J, Demidchik V, Bothwell J H F, et al. 2003. Reactive oxygen species produced by NADPH oxidase regulate plant cell growth. Nature, 422(6930): 442-446.

Foyer C H, Noctor G. 2000. Tansley review No. 112. oxygen processing in photosynthesis: regulation and signalling. New Phytologist, 146(3): 359-388.

Franklintong V E, Gourlay C W. 2008. A role for actin in regulating apoptosis/programmed cell death: evidence spanning yeast, plants and animals. Biochemical Journal, 413(3): 389-404.

Gaj M D. 2004. Factors influencing somatic embryogenesis induction and plant regeneration with particular reference to *Arabidopsis thaliana* (L.) Heynh. Plant Growth Regulation, 43(1): 27-47.

Gaj M D, Trojanowska A, Ujczak A, et al. 2006. Hormone-response mutants of *Arabidopsis thaliana* (L.) Heynh. impaired in somatic embryogenesis. Plant Growth Regulation, 49(2-3): 183-197.

Garcia-Mata C, Lamattina L. 2002. Nitric oxide and abscisic acid cross talk in guard cells. Plant Physiology, 128(3): 790-792.

Gautheret R J. 1934. Culture du tissue cambial. Comptes Rendus de Académie des Sciences–Paris, 198: 2195-2196.

Ghanti S K, Sujata K G, Rao M S, et al. 2010. Direct somatic embryogenesis and plant regeneration from immature explants of chickpea. Biologia Plantarum, 54(1): 121-125.

Hammatt N. 1994. Shoots of juvenile and mature common ash (*Fraxinus excelsior*). Journal of Experimental Botany, 45(27): 871-875.

Hammatt N, Ridout M S. 1992. Mictoptopagation of common ash (*Fraxinus escelsior*). Plant Cell Tissue and Organ Culture, 13: 67-74.

Havel L, Durzan D J. 1996. Apoptosis during diploid parthenogenesis and early somatic embryogenesis of Norway spruce. International Journal of Plant Sciences, 157(1): 8-16.

Ikeda M, Umehara M, Kamada H. 2006. Embryogenesis-related genes; its expression and roles during somatic and zygotic embryogenesis in carrot and *Arabidopsis*. Plant Biotechnology, 23(2): 153-161.

Ipekci Z, Gozukirmizi N. 2003. Direct somatic embryogenesis and synthetic seed production from *Paulownia elongata*. Plant Cell Reports, 22(1): 16-24.

Jones A M. 2001. Programmed cell death in development and defense. Plant Physiology, 125(1): 94-97.

Jones A M, Dangl J L. 1996. Logjam at the styx: programmed cell death in plants. Trends in Plant Science, 1(4): 114-119.

Karami O, Saidi A. 2010. The molecular basis for stress-induced acquisition of somatic embryogenesis. Molecular Biology Reports, 37(5): 2493-2507.

Klepper L A. 1987. Nitric oxide emissions from soybean leaves during *in vivo* nitrate reductase assays. Plant Physiology, 85(1): 96-99.

Kong D M, Preece J E, Shen H L. 2012. Somatic embryogenesis in immature cotyledons of Manchurian ash (*Fraxinus mandshurica* Rupr.). Plant Cell, Tissue and Organ Culture, 108(3): 485-492.

Liljeroth E, Bryngelsson T. 2001. DNA fragmentation in cereal roots indicative of programmed root cortical cell death. Physiologia Plantarum, 111(3): 365-372.

Maraschin S F, Gaussand G, Pulido A, et al. 2005. Programmed cell death during the transition from multicellular structures to globular embryos in barley androgenesis. Planta, 221(4): 459-470.

Mathieu M, Lelu-Walter M A, Blervacq A S, et al. 2006. Germin-like genes are expressed during somatic embryogenesis and early development of conifers. Plant Molecular Biology, 61(4-5): 615-627.

McCabe P F, Levine A, Meijer P J, et al. 1997. A carrot programmed cell death pathway suppressed by social signaling. Plant Journal, 12(2): 267-280.

McCabe P F, Pennell R I. 1996. Apoptosis in plant cells *in vitro*//Kotter T G, Martin S J. Techniques in Apoptosis. London: Portland Press: 301-326.

Mittler R. 2002. Oxidative stress, antioxidants and stress tolerance. Trends in Plant Science, 7(9): 405-410.

Mittler R, Lam E. 1995. *In situ* detection of nDNA fragmentation during the differentiation of tracheary elements in higher plants. Plant Physiology, 108(2): 489.

Mittler R, Vanderauwera S, Gollery M, et al. 2004. Reactive oxygen gene network of plants. Trends in Plant Science, 9(10): 490-498.

Navarrete N E, Sambeek J W, Preece J E. 1989. Improved micropropagation of white ash (*Fraxinus americana* L.). General Technical Report-North Central Forest Experiment Station USDA Forest Service, 132: 146-149.

Pan J W, Chen H, Gu Q, et al. 2002. Environmental stress-induced programmed cell death in higher plants. Hereditas, 24(3): 385-388.

Pennell R I, Lamb C. 1997. Programmed cell death in plants. Plant Cell, 9(7): 1157-1168.

Petrussa E, Bertolini A, Casolo V, et al. 2009. Mitochondrial bioenergetics linked to the manifestation of programmed cell death during somatic embryogenesis of *Abies alba*. Planta, 231(1): 93-107.

Piccioni E, Standardi A. 1995. Encapsulation of micropropagated buds of six woody species. Plant Cell, Tissue and Organ Culture, 42(3): 221-226.

Preece J E, Bates S. 1995. Somatic embryogenesis in white ash (*Fraxinus americana* L.). Somatic Embryogenesis in Woody Plants, 2: 311-325.

Preece J E, Bates S. 1991. *In vitro* studied with white ash (*Fraxinus anericana* L.) nodules // Ahuja M R. Woody Plant Biotechnology. New York: Plenum Press: 37-44.

Preece J E, McGranahan G H, Long L M, et al. 1995. Somatic embryogenesis in walnut (*Juglans regia*). Somatic Embryogenesis in Woody Plants, 2: 99-116.

Preece J E, Zhao J L, Kung F H. 1989. Callus production and somatic embryogenesis from white ash. Hort Science, 24(2): 377-380.

Preece J E, Zhao J, Kung F H. 1987. *In vitro* callus production and somatic embryogenesis of ash (*Fraxinus*). Hortscience, 22(5): 675.

Rao P S, Ozias-Akins P. 1985. Plant regeneration through somatic embryogenesis in protoplast cultures of sandalwood (*Santalum album* L.). Protoplasma, 124(1-2): 80-86.

Reape T J, McCabe P F. 2008. Apoptotic-like programmed cell death in plants. New phytologist, 180(1): 13-26.

Rockel P, Strube F, Rockel A, et al. 2002. Regulation of nitric oxide (NO) production by plant nitrate reductase *in vivo* and *in vitro*. Journal of Experimental Botany, 53(366): 103-110.

Rodrigues L R, Oliveira J M S, Mariath J E A, et al. 2005. Histology of embryogenic responses in soybean anther culture. Plant Cell, Tissue and Organ Culture, 80(2): 129-137.

Rodríguez-Serrano M, Bárány I, Prem D, et al. 2012. NO, ROS, and cell death associated with caspase-like activity increase in stress-induced microspore embryogenesis of barley. Journal of Experimental Botany, 63(5): 2007-2024.

Ruaud J N, Bercetche J, Pâques M. 1992. First evidence of somatic embryogenesis from needles of 1-year-old *Picea abies* plants. Plant Cell Reports, 11(11): 563-566.

Silvrira C E, Cottignies A. 1993. Period of harvest, sprouting ability of cuttings, and *in vitro* plant regeneration in *Fraxinus excelsior*. Canadian Journal of Botany-revue Canadienne de Botanique, 72(2): 261-267.

Smertenko A P, Bozhkov P V, Filonova L H, et al. 2003. Re-organisation of the cytoskeleton during developmental programmed cell death in *Picea abies* embryos. Plant Journal, 33(5): 813-824.

Steward F C, Mapes M O, Smith J. 1958. Growth and organized development of cultured cells. I. Growth and division of freely suspended cells. American Journal of Botany, 45(9): 693-703.

Stöhr C, Strube F, Marx G, et al. 2001. A plasma membrane-bound enzyme of tobacco roots catalyses the formation of nitric oxide from nitrite. Planta, 212(5): 835-841.

Tabrett A M, Hammatt N. 1992. Regeneration of shoots from embryo hypocotyls of common ash

(*Fraxinus excelsior*). Plant Cell Reports, 11(10): 514-518.

Thomas S G, Franklin-Tong V E. 2004. Self-incompatibility triggers programmed cell death in *Papaver* pollen. Nature, 429(6989): 305-309.

Tonon G, Capuana M, Rossi C. 2001. Somatic embryogenesis and embryo encapsulation in *Fraxinus angustifolia* Vhal. Journal of Horticultural Science & Biotechnology, 76(6): 753-757.

Torres M A, Jones J D G, Dangl J L. 2006. Reactive oxygen species signaling in response to pathogens. Plant Physiology, 141(2): 373-378.

Vianello A, Zancani M, Peresson C, et al. 2007. Plant mitochondrial pathway leading to programmed cell death. Physiol Plant, 129: 242-252.

Víteček J, Wünschová A, Petřek J, et al. 2007. Cell death induced by sodium nitroprusside and hydrogen peroxide in tobacco BY-2 cell suspension. Biologia Plantarum, 51(3): 472-479.

Von Arnold S, Sabala I, Bozhkov P, et al. 2002. Developmental pathways of somatic embryogenesis. Plant Cell, Tissue and Organ Culture, 69(3): 233-249.

Wang H, Li J, Bostock R M, et al. 1996b. Apoptosis: a functional paradigm for programmed plant cell death induced by a host-selective phytotoxin and invoked during development. The Plant Cell, 8(3): 375-391.

Wang M, Oppedijk B J, Lu X, et al. 1996a. Apoptosis in barley aleurone during germination and its inhibition by abscisic acid. Plant Molecular Biology, 32(6): 1125-1134.

Wendehenne D, Durner J, Klessig D F. 2004. Nitric oxide: a new player in plant signalling and defence responses. Current Opinion in Plant Biology, 7(4): 449-455.

Wilkins K A, Bancroft J, Bosch M, et al. 2011. Reactive oxygen species and nitric oxide mediate actin reorganization and programmed cell death in the self-incompatibility response of *Papaver*. Plant Physiology, 15(1): 404-416.

Wilson I D, Neill S J, Hancock J T. 2008. Nitric oxide synthesis and signalling in plants. Plant Cell & Environment, 31(5): 622.

Wojtaszek P. 2000. ChemInform abstract: nitric oxide in plants. To NO or not to NO. Phytochemistry, 54(1): 1-4.

Wu X X, Zhu Y L, Zhu W M, et al. 2006. Effects of exogenous nitric oxide on seedling growth of tomato under NaCl stress. Acta Botanica Boreali-Occidentalia Sinica, 26(6): 1206-1211.

Zhang A L, He J M. 2009. The role of nitric oxide in light-inhibited senescence of wheat leaves. Acta Botanica Boreali-Occidentalia Sinica, 29(3): 512-517.

Zhao Z, Chen G, Zhang C. 2001. Interaction between reactive oxygen species and nitric oxide in drought-induced abscisic acid synthesis in root tips of wheat seedlings. Functional Plant Biology, 28(10): 1055-1061.

Zimmerman J L. 1993. Somatic embryogenesis: a model for early development in higher plants. The Plant Cell, 5(10): 1411.

2 水曲柳成熟合子胚体细胞胚胎发生研究

水曲柳的体细胞胚胎发生最早是以未成熟合子胚子叶和下胚轴作为外植体获得的（Kong et al.，2012a）。取材时期是水曲柳合子胚体细胞胚胎发生的关键影响因素之一。不同采种地区母树来源的子叶形体细胞胚诱导频率不同。同一采种地区不同母树来源的子叶其体细胞胚诱导率相差较大。以成熟合子胚作为外植体进行体细胞胚胎发生研究，具有材料来源广、取材方便、不受季节和时间限制的优点（Yang et al.，2013）。本章主要介绍了以水曲柳成熟子叶期合子胚的子叶为外植体进行的体细胞胚胎发生研究，筛选出了适合体细胞胚胎发生的最佳诱导培养方法、继代培养方法和成熟培养方法，得到了由水曲柳成熟合子胚子叶诱导的不同发育时期的体细胞胚。

2.1 材料与方法

2.1.1 试验材料

水曲柳成熟种子取自位于哈尔滨市的东北林业大学实验林场的水曲柳林。于2010年和2011年8月中旬随机选取10株优良母树（60年）采集成熟种子。

2.1.2 试验方法

2.1.2.1 外植体制备

将采集到的种子混合后，去翅，将成熟合子胚连同完整种皮在流水下冲洗2～3天；在超净工作台中用75%（V/V）乙醇处理1min，再用5%（V/V）次氯酸钠消毒15min，最后用无菌水冲洗4次或5次。

无菌条件下，将消毒处理后的成熟种子用无菌解剖刀在胚根端切去1/3～2/3，用镊子挤出成熟合子胚，切取单片子叶种到诱导培养基上（子叶内侧接触培养基）。

2.1.2.2 体细胞胚诱导研究

1. 不同激素组合处理对体细胞胚诱导的影响

诱导培养基组成以MS1/2（MS所有成分浓度均减半）为基本培养基。生长素选用NAA，设置浓度为0mg/L、1.25mg/L、2.5mg/L、5mg/L、10mg/L；设置

2,4-D 浓度为 1.25mg/L、2.5mg/L、5mg/L、10mg/L；细胞分裂素选用 6-BA，设置浓度为 0mg/L、0.5mg/L、1mg/L、2mg/L、4mg/L。以 NAA、2,4-D 分别与 6-BA 组合，进行体细胞胚诱导筛选的激素处理。另外，均添加 400mg/L 酸水解酪蛋白（casein hydrolysate，CH），蔗糖浓度为 75g/L，琼脂浓度为 6.5g/L，pH 调至 5.8，高温高压灭菌。共 15 个处理，每种培养基处理做 5 个培养皿的重复，每皿接种 10 个外植体。

培养条件：接种后置于培养室中进行暗培养，培养室温度控制在 23～25℃，相对湿度 60%～70%。

2. 不同蔗糖浓度对体细胞胚诱导的影响

以 MS1/2 为基本培养基，添加激素组合浓度为 5mg/L NAA、2mg/L 6-BA，400mg/L CH，琼脂浓度为 6.5g/L，蔗糖浓度梯度设为 25g/L、50g/L、75g/L、100g/L、125g/L。每种处理做 5 个培养皿的重复，每皿接种 10 个外植体。

培养条件同上。

3. 不同酸水解酪蛋白（CH）浓度对体细胞胚诱导的影响

以 MS1/2 为基本培养基，添加激素组合浓度为 5mg/L NAA、2mg/L 6-BA，蔗糖浓度为 75g/L，琼脂浓度为 6.5g/L，酸水解酪蛋白（CH）浓度梯度设为 0mg/L、200mg/L、400mg/L、600mg/L。每处理 5 个重复，每皿接种 10 个外植体。

培养条件同上。

4. 基本培养基类型对体细胞胚诱导的影响

试验进行了如下培养基的筛选：MS、MS1/2、1/2MS（MS 大量元素浓度减半）、WPM，添加激素组合浓度为 5mg/L NAA、2mg/L 6-BA，400mg/L CH，蔗糖浓度为 75g/L，琼脂浓度为 6.5g/L。每处理 5 个重复，每皿接种 10 个外植体。

培养条件同上。

2.1.2.3　体细胞胚继代培养

将在体细胞胚诱导培养基已经培养 30 天的材料继代到新鲜培养基上，继代培养基成分同初代培养时一样，培养条件也相同。在培养 60 天后，对体细胞胚胎发生情况进行记录整理，体细胞胚诱导率计算公式如下：

$$体细胞胚诱导率(\%) = \frac{诱导出体细胞胚的外植体个数}{总的外植体个数} \times 100$$

2.1.2.4　体细胞胚成熟培养

将子叶形胚从诱导培养基上的外植体分离开，转接到成熟培养基（MS1/2）

上，处理为添加 0mmol/L 和 10mmol/L ABA，均加入 400mg/L CH、75g/L 蔗糖、6.0g/L 琼脂。成熟培养使体细胞胚不仅达到形态成熟，而且也达到生理成熟。每皿接种 15 个外植体，每处理 10 个重复。培养条件为光下培养，光照强度为 40μmol/(m²·s)，持续 16h 光照、8h 黑暗。体细胞胚成熟率计算公式如下：

$$体细胞胚成熟率(\%) = \frac{成熟的体细胞胚数}{总的体细胞胚数} \times 100$$

2.1.3 数据处理与分析

对所得数据均用 Excel 2003 和 SPSS 17.0 等软件进行方差分析和多重比较，表格中数据为平均值±标准差。

2.2 结果与分析

2.2.1 水曲柳成熟合子胚的体细胞胚诱导研究

2.2.1.1 植物激素种类及浓度配比对体细胞胚诱导的影响

试验以 MS1/2 为基本培养基，研究不同浓度、不同植物激素 NAA 或 2,4-D 与 6-BA 组合对水曲柳成熟合子胚的体细胞胚诱导的影响。结果表明，体细胞胚在不同浓度 NAA 和 6-BA 组合的培养基上诱导率存在显著差异（$P<0.01$）。在单独添加 10mg/L NAA 的培养基上体细胞胚诱导率最低（10%），在激素浓度为 5mg/L NAA 并添加 2mg/L 6-BA 时最高（67.5%），同时在单个外植体上最多时获得了 159 个体细胞胚。且培养基中单独添加 NAA 或 6-BA，均可诱导出体细胞胚。单独添加 NAA 时，体细胞胚诱导率并未随着 NAA 的浓度增加表现出一定趋势，各处理间差异极显著（$P<0.01$）。单独添加 6-BA 时，各处理间差异极显著（$P<0.01$）（表 2-1）。

表 2-1 NAA 与 6-BA 不同浓度配比对水曲柳成熟合子胚体细胞胚诱导的影响

激素组合/（mg/L）		体细胞胚诱导率/%	单个外植体上的体细胞胚数	体细胞胚胎发生阶段	子叶褐化部位的体细胞胚胎发生率/%
NAA	6-BA				
0	0	30.0±23.5 abc	1～7	球形胚	6.7
	0.5	12.0±13.0 c	1～16	球形胚	33.3
	1	14.0±11.4 bc	1～9	球形胚	57.1
	2	34.0±19.5 abc	1～27	球形胚	88.2
	4	34.0±20.7 abc	1～21	球形胚	70.6
1.25	0	16.7±11.5 bc	2～4	球形胚	40
	0.5	37.5±12.6 abc	1～14	鱼雷形胚	60
	1	50.0±18.7 ab	1～9	球形胚	84

激素组合/（mg/L）		体细胞胚诱导率/%	单个外植体上的体细胞胚数	体细胞胚胎发生阶段	子叶褐化部位的体细胞胚胎发生率/%
NAA	6-BA				
1.25	2	48.0±11.0 ab	1～13	球形胚	83.3
	4	32.0±22.8 abc	2～16	鱼雷形胚	75
2.5	0	22.0±16.4 bc	1～6	心形胚	45.5
	0.5	42.0±8.4 abc	1～12	鱼雷形胚	61.9
	1	48.0±13.0 ab	2～19	子叶形胚	62.5
	2	36.0±20.7 abc	1～12	球形胚	55.6
	4	28.0±14.8 abc	1～11	球形胚	78.6
5	0	44.0±27.9 abc	1～6	球形胚	13.6
	0.5	35.0±12.9 abc	2～13	球形胚	50.6
	1	37.5±22.2 abc	1～12	球形胚	73.3
	2	67.5±15.0 a	23～159	子叶形胚	81.5
	4	48.0±13.0 ab	1～21	球形胚	75
10	0	10.0±10.0 c	1～5	球形胚	0
	0.5	34.0±24.1 abc	1～12	鱼雷形胚	76.5
	1	40.0±18.7 abc	2～23	鱼雷形胚	70
	2	50.0±27.4 ab	2～32	球形胚	88
	4	35.0±17.3 abc	1～13	球形胚	71.4

注：不同小写字母表示差异极显著（$P<0.01$）

体细胞胚在不同浓度 2,4-D 和 6-BA 组合的培养基上诱导率也存在极显著差异（$P<0.01$）。在添加 10mg/L 2,4-D 和 4mg/L 6-BA 或 1mg/L 6-BA 的培养基上体细胞胚诱导率最低（2.0%）；在激素组合为 1.25mg/L 2,4-D 并添加 2mg/L 6-BA 时体细胞胚诱导率最高（66.0%），并在单个外植体上最高获得 36 个体细胞胚；在激素组合为 2.5mg/L 2,4-D 并添加 1mg/L 6-BA 时，体细胞胚诱导率次之（62.0%），在单个外植体上最高获得 24 个体细胞胚。但在这两种激素组合之间体细胞胚诱导率结果并不存在差异。培养基中单独添加 2,4-D，在所设定的浓度梯度下均可诱导出体细胞胚，而且相互之间存在极显著差异（$P<0.01$）。2,4-D 和 6-BA 的交互作用对体细胞胚诱导率影响不显著（$P>0.05$）。t 检验结果显示，2,4-D 和 6-BA 对水曲柳成熟合子胚的体细胞胚诱导作用不显著（$P>0.05$）（表 2-2）。

表 2-2　2,4-D 与 6-BA 不同浓度配比对水曲柳成熟合子胚体细胞胚诱导的影响

激素组合/（mg/L）		体细胞胚诱导率/%	单个外植体上的体细胞胚数	体细胞胚胎发生阶段	子叶褐化部位的体细胞胚胎发生率/%
2,4-D	6-BA				
1.25	0	28.0±8.4 abcd	1～5	球形胚	71.4
	0.5	50.0±23.5 a	2～20	球形胚	88.0
	1	46.0±35.1 ab	1～18	球形胚	100.0

续表

激素组合/(mg/L)		体细胞胚诱导率/%	单个外植体上的体细胞胚数	体细胞胚胎发生阶段	子叶褐化部位的体细胞胚胎发生率/%
2,4-D	6-BA				
1.25	2	66.0±6.7 a	2～36	心形胚	78.8
	4	32.0±19.2 abcd	1～27	球形胚	93.8
2.5	0	27.5±18.9 abcd	1～16	球形胚	81.8
	0.5	46.0±32.1 ab	1～23	球形胚	100.0
	1	62.0±30.3 a	2～24	球形胚	100.0
	2	54.0±15.2 a	1～36	心形胚	100.0
	4	20.0±15.8 abcd	1～16	球形胚	100.0
5	0	35.0±30.0 abcd	1～7	球形胚	42.9
	0.5	47.5±18.9 ab	1～23	球形胚	94.7
	1	60.0±16.3 a	1～29	鱼雷形胚、子叶形胚	95.8
	2	50.0±30.0 ab	2～31	球形胚	96.0
	4	42.0±31.1abc	2～21	球形胚	100.0
10	0	4.0±8.9 cd	1～10	球形胚	50.0
	0.5	6.0±5.4 bcd	1～13	球形胚	66.7
	1	2.0±4.5 d	1～8	球形胚	100.0
	2	4.0±8.9 cd	1～3	球形胚	100.0
	4	2.0±4.4 d	1～5	球形胚	100.0

注：不同小写字母表示差异极显著（$P<0.01$）

形态学观察表明，NAA 与 2,4-D 对在体细胞胚胎发生过程中水曲柳成熟合子胚子叶形态变化的影响没有差异。其中添加 1.25mg/L 2,4-D 与 2mg/L 6-BA 的培养基上，有 78.8%的体细胞胚胎发生在褐化外植体上，且该浓度组合的体细胞胚诱导率最高，并获得高质量的体细胞胚（表 2-2）。水曲柳成熟合子胚的单片子叶在添加 5mg/L NAA 与 2mg/L 6-BA 的培养基上暗培养，接种 2 天后，观察到白色子叶表面稍微有些膨大、隆起（图 2-1a）；第 8 天，子叶变黄白色，明显膨胀凸起，表面有透明圆形小突起，且边缘略贴向培养基生长，接种的机械损伤或是切口处明显下凹（图 2-1b）；培养 10 天后，子叶变浅黄褐色，个别初步褐化现象出现（图 2-1c）；在继续培养过程中，子叶明显卷曲（图 2-1d）；培养 22 天后，在子叶的边缘和表面初次发现球形胚（图 2-1e）；之后继续分化发育经过心形、鱼雷形胚、子叶形胚阶段（图 2-1f～1）；培养 38 天后，最终发育成为具有两片子叶、胚轴和胚根结构的形态成熟阶段的子叶形胚（图 2-1j～1）。培养过程中发现体细胞胚主要为直接发生（95%），发生部位大多在子叶表面和边缘，少有间接发生（表 2-1）；其中，大约 81.5%的体细胞胚在外植体褐化部位发生（表 2-1）；且具有两个对称子叶的正常体细胞胚（图 2-1j）占大多数，子叶合生胚（图 2-1k）或多子叶形畸形胚（图 2-11）所占比例不大（<10%）。

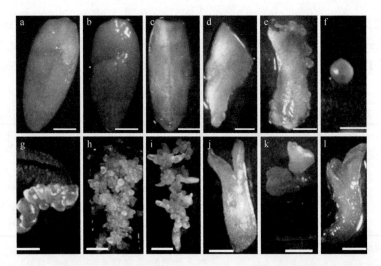

图 2-1 水曲柳成熟合子胚体细胞胚胎发生的形态学观察（彩图请扫封底二维码）

a～e 分别为培养 2 天（a）、8 天（b）、10 天（c）、15 天（d）、22 天（e）的外植体；f～l 分别为培养 23 天出现球形胚（f），25 天出现心形胚（g），30 天出现鱼雷形胚（h），38 天出现子叶形胚（i～l）——状态分别为正常胚（j）、子叶合生胚（k）、多子叶形畸形胚（l）。比例尺：a～e, i. 1mm；f, g. 1.56mm；h, j～l. 1.25mm

2.2.1.2 蔗糖对体细胞胚诱导的影响

试验结果表明，蔗糖浓度对体细胞胚诱导率有极显著影响（$P<0.01$）。诱导培养基中蔗糖浓度为 75g/L 时，体细胞胚诱导率最高（67.5%）；蔗糖浓度为 50g/L 时，体细胞胚诱导率次之（45.5%）。且这两种处理之间差异不显著。当蔗糖浓度为 25g/L 时，体细胞胚诱导率最低（30.0%）。在蔗糖浓度为 75g/L 的培养基上，单个外植体最高获得了 159 个体细胞胚。体细胞胚在褐化部位的发生率随着蔗糖浓度的增加而增加（75%～100%）（表 2-3）。

表 2-3 蔗糖浓度对水曲柳成熟合子胚体细胞胚诱导的影响

蔗糖浓度/ （g/L）	体细胞胚 诱导率/%	单个外植体上的 体细胞胚数	体细胞胚胎 发生阶段	子叶褐化部位的 体细胞胚胎发生率/%
25	30.0±14.1 b	1～14	球形胚	75.0
50	45.5±15.2 ab	1～14	球形胚	80.0
75	67.5±15.5 a	23～159	鱼雷形胚、子叶形胚	81.5
100	43.0±16.4 ab	1～40	球形胚、鱼雷形胚	100.0
125	32.2±16.4 b	2～36	球形胚、鱼雷形胚	100.0

注：不同小写字母表示差异极显著（$P<0.01$）

2.2.1.3 酸水解酪蛋白（CH）对体细胞胚诱导的影响

酸水解酪蛋白（CH）对体细胞胚诱导率有极显著的影响（$P<0.01$）。不添加

酸水解酪蛋白（CH）的体细胞胚诱导培养基，体细胞胚诱导率最低（0%）；酸水解酪蛋白（CH）浓度为 400mg/L 时，诱导率最高（67.5%），且单个外植体最高获得了 159 个体细胞胚，且子叶褐化部位的体细胞胚胎发生率为 81.5%～100%（表 2-4）。

表 2-4 酸水解酪蛋白（CH）浓度对水曲柳成熟合子胚体细胞胚诱导的影响

酸水解酪蛋白浓度/（mg/L）	体细胞胚诱导率/%	单个外植体上的体细胞胚数	体细胞胚胎发生阶段	子叶褐化部位的体细胞胚胎发生率/%
0	0 b	0	—	—
200	6.0±8.9 b	1～3	球形胚、鱼雷形胚	100.0
400	67.5±15.0 a	23～159	鱼雷形胚、子叶形胚	81.5
600	2.0±4.5 b	2～8	球形胚、鱼雷形胚	100.0

注：不同小写字母表示差异极显著（$P<0.01$）

2.2.1.4 基本培养基类型对体细胞胚诱导的影响

培养基类型对水曲柳成熟合子胚的体细胞胚胎发生有着极显著影响（$P<0.01$）。其中，MS1/2 培养基体细胞胚诱导率最高（67.5%）；MS 培养基体细胞胚诱导率最低（0%）；方差分析结果显示，MS、1/2MS、WPM、MS1/2 四种培养基对体细胞胚诱导率的影响差异极显著。在诱导培养基 MS1/2 上，单个外植体最高获得了 159 个体细胞胚，且子叶褐化部位的体细胞胚胎发生率为 81.5%～100%（表 2-5）。

表 2-5 基本培养基类型对水曲柳成熟合子胚体细胞胚诱导的影响

培养基类型	体细胞胚诱导率/%	单个外植体上的体细胞胚数	体细胞胚胎发生阶段	子叶褐化部位的体细胞胚胎发生率/%
MS	0 c	0	—	—
1/2MS	2.0±4.5 bc	1～8	球形胚、鱼雷形胚	100.0
WPM	10.0±7.1 b	1～30	鱼雷形胚、子叶形胚	100.0
MS1/2	67.5±15.0 a	23～159	鱼雷形胚、子叶形胚	81.5

注：不同小写字母表示差异极显著（$P<0.01$）

2.2.2 水曲柳成熟合子胚的体细胞胚成熟

子叶形胚在成熟培养基上培养 17 天后达到形态成熟。子叶形胚变为黄色或淡黄色，已经分化成具有明显子叶端、胚轴端和健硕的胚根端的完整结构，整个子叶形胚的长度达到 5～7.5mm。方差分析结果表明，ABA 对体细胞胚成熟影响差异极显著（$P<0.01$）。添加 10mmol/L ABA 获得了较高的体细胞胚成熟率（90.0%），同时褐变发生率也较低（0%）（表 2-6）。

表 2-6　ABA 对水曲柳成熟合子胚的体细胞胚成熟的影响

ABA 浓度/（mmol/L）	体细胞胚成熟率/%	体细胞胚褐化率/%	体细胞胚变绿率/%
0	10.0±7.1 b	48.0±21.7 a	42.0±19.2 a
10	90.0±7.1 a	0 b	10.0±7.1 b

注：不同小写字母表示差异极显著（$P<0.01$）

2.3　讨　　论

现阶段影响水曲柳体细胞胚胎发生体系的关键问题是：体细胞胚诱导率低（大约 30%），发生不同步，畸形胚占比高（69%～100%）（Kong et al.，2012b）。因此，为了改进水曲柳体细胞胚胎发生体系，本章用成熟合子胚的子叶作为外植体，成功诱导出了体细胞胚。

体细胞胚的胚根和胚芽端分生组织的分化是体细胞胚胎发生过程的重要阶段（Stasolla and Yeung，2003；Yeung and Stasolla，2000）。在本研究中，以水曲柳成熟合子胚子叶外植体诱导所得体细胞胚，畸形胚发生率较低（<10%）。在试验中也观察到了子叶合生胚和多子叶的畸形胚发生。因此需要进一步的研究以降低、减少或避免体细胞胚胎发生过程中的畸形胚发生率。在其他种属的体细胞胚胎发生中也有畸形胚的发生（Konieczny et al.，2012；Correia et al.，2012；You et al.，2011，2006；Wang et al.，2010；Shi et al.，2010；Yadav et al.，2009）。通常情况下，体细胞胚具有芽端的顶端分生组织，但不像合子胚的发生过程，它不是一个稳定的结构（Stasolla and Yeung，2003；Yeung and Stasolla，2000；Yeung et al.，1998）。要提高体细胞胚质量，通常情况下需要从培养条件各个方面入手来促进体细胞胚胚芽端的顶端分生组织正常发育（Stasolla and Yeung，2003；Preece and Bates，1995）。这些新发现，对于进一步阐明体细胞胚胎发生的分子调控机理对木本植物的无性繁殖具有重大意义（Li et al.，2012；Wu et al.，2011；Stasolla and Yeung，2003）。小分子 RNA（miRNA）在体细胞胚胎发生体系中有重要作用，如通过调控靶基因的表达，诱导体细胞胚胎发生、球形胚的形成、子叶形胚的形态发生（Li et al.，2012；Wu et al.，2011）。

通常情况下，在组织培养中，褐变的发生是必须要去除的，在石榴的组织培养中，大多用于组织培养的成熟部位如茎段、茎尖、叶片作为外植体发生褐化就必须要去除褐化部分（Naik and Chand，2011；Pirttilä et al.，2008）。在水曲柳体细胞胚胎发生的研究中发现一个重要现象，体细胞胚大多在褐化的外植体部位发生，这表明外植体褐化对水曲柳体细胞胚胎发生作用重大。在本研究中，直接在褐化外植体部位产生体细胞胚的比例占体细胞胚胎发生率的 6.7%～100%，在非褐化部位产生体细胞胚的比例很小，体细胞胚胎发生率最高（67.5%）。

所在处理中，体细胞胚在褐化部位发生的比例为 81.5%。同样，以水曲柳未成熟合子胚子叶为外植体诱导体细胞胚胎发生的过程中，也是体细胞胚大多在褐化部位发生，褐化外植体的体细胞胚胎发生率为34.06%。体细胞胚诱导培养基的高渗透胁迫是外植体褐变的主要原因。体细胞胚诱导培养基有高浓度的植物生长调节剂、高浓度的蔗糖、高浓度的酸水解酪蛋白（CH），在该培养基上外植体褐化程度更高。高渗透胁迫对水曲柳体细胞胚胎发生能力是必不可少的。体细胞胚诱导培养基中添加75g/L蔗糖，与添加25g/L和50g/L蔗糖相比，后者体细胞胚诱导能力显著下降。此外，在不添加酸水解酪蛋白（CH）的培养基上没有体细胞胚胎发生。Kikuchi等（2006）在胡萝卜体细胞研究中报道了ABA和胁迫处理对胡萝卜体细胞胚诱导也是不可或缺的。胚胎特异性基因 C-ABI3 和胚胎发生的细胞蛋白在胁迫处理后体细胞胚形成过程中得到表达。初步研究发现，在体细胞胚诱导培养基中加入抗氧化剂[抗坏血酸、聚乙烯吡咯烷酮（PVP）、L-谷氨酸（L-Glu）]的处理能有效地降低外植体的褐化，同时体细胞胚诱导能力也随之下降（数据在本研究中没有列出），与蓝桉（Eucalyptus globulus）的体细胞胚诱导发生相类似（Pinto et al.，2008）。因此，后续需要进一步研究来明确水曲柳细胞的氧化还原环境和体细胞胚胎发生之间的关系。

优化的成熟培养基需要对培养基类型、生长调节剂［即脱落酸（ABA）］浓度和培养基的渗透压进行筛选（Vooková et al.，2010）。加入高浓度的蔗糖与ABA显著提高了体细胞胚的发生，并促进体细胞胚的发育（Kumar and Thomas，2012）。对欧洲甜樱桃（Prunus avium）体细胞胚胎发生的研究发现，将胚性组织转移到无生长素和细胞分裂素、仅加入麦芽糖或麦芽糖与10μmol/L ABA的发生培养基上，体细胞胚的发生能力增强（Reidiboym-Talleux et al.，1999）。同样，在该研究中，加入10mmol/L ABA不仅促进了体细胞胚的成熟，还很好地避免了未成熟体细胞胚的非正常及早萌发。

总之，本研究综合报道了用水曲柳成熟合子胚子叶为外植体通过体细胞胚诱导，成功建立了体细胞胚胎发生体系，以及体细胞胚胎发生的形态学和组织学观察，此研究丰富和补充了现有的水曲柳体细胞胚胎发生体系。

2.4 本 章 结 论

以水曲柳成熟合子胚子叶为外植体成功诱导出了体细胞胚，最适宜的体细胞胚诱导培养基为MS1/2，添加5mg/L NAA与2mg/L 6-BA、400mg/L酸水解酪蛋白（CH）、75g/L蔗糖、6.5g/L琼脂，pH调整为5.8。体细胞胚诱导率为67.5%，在单个外植体上最多获得了159个体细胞胚。体细胞胚主要为直接发生（95%），发生部位大多在子叶表面和边缘，少有间接发生；其中，大约81.5%的体细胞胚在外植体褐化部位发生。具有两个对称子叶的正常体细胞胚占大多数，子叶合生或多子叶形态的畸形胚所占比例不大（<10%）。子叶形胚在添加10mmol/L ABA

的成熟培养基上培养 17 天后达到形态生理成熟，获得了较高的体细胞胚成熟率，同时褐变发生率也较低。

参 考 文 献

Correia S, Cunha A E, Salgueiro L, et al. 2012. Somatic embryogenesis in tamarillo (*Cyphomandra betacea*): approaches to increase efficiency of embryo formation and plant development. Plant Cell, Tissue and Organ Culture, 109(1): 143-152.

Kikuchi A, Sanuki N, Higashi K, et al. 2006. Abscisic acid and stress treatment are essential for the acquisition of embryogenic competence by carrot somatic cells. Planta, 223(4): 637-645.

Kong D M, Preece J E, Shen H L. 2012a. Somatic embryogenesis in immature cotyledons of Manchurian ash (*Fraxinus mandshurica* Rupr.). Plant Cell, Tissue and Organ Culture, 108(3): 485-492.

Kong D M, Shen H L, Li N. 2012b. Influence of $AgNO_3$ on somatic embryo induction and development in Manchurian ash (*Fraxinus mandshurica* Rupr.). African Journal of Biotechnology, 11(1): 120-125.

Konieczny R, Sliwinska E, Pilarska M, et al. 2012. Morphohistological and flow cytometric analyses of somatic embryogenesis in *Trifolium nigrescens* Viv. Plant Cell, Tissue and Organ Culture, 109(1): 131-141.

Kumar G K, Thomas T D. 2012. High frequency somatic embryogenesis and synthetic seed production in *Clitoria ternatea* Linn. Plant Cell, Tissue and Organ Culture, 110(1): 141-151.

Li W F, Zhang S G, Han S Y, et al. 2012. Regulation of *LaMYB33* by miR159 during maintenance of embryogenic potential and somatic embryo maturation in *Larix kaempferi* (Lamb.) Carr. Plant Cell, Tissue and Organ Culture, 113(1): 131-136.

Naik S K, Chand P K. 2011. Tissue culture-mediated biotechnological intervention in pomegranate: a review. Plant Cell Reports, 30(5): 707-721.

Pinto G, Silva S, Park Y S, et al. 2008. Factors influencing somatic embryogenesis induction in *Eucalyptus globulus* Labill.: basal medium and anti-browning agents. Plant Cell, Tissue and Organ Culture, 95(1): 79-88.

Pirttilä A, Podolich O, Koskimäki J J, et al. 2008. Role of origin and endophyte infection in browning of bud-derived tissue cultures of scots pine (*Pinus sylvestris* L.). Plant Cell, Tissue and Organ Culture, 95 (1): 47-55.

Preece J E, Bates S A. 1995. Somatic embryogenesis in white ash (*Fraxinus americana* L.). Somatic Embryogenesis in Woody Plants, 2: 311-325.

Reidiboym-Talleux L, Diemer F, Sourdioux M, et al. 1999. Improvement of somatic embryogenesis in wild cherry (*Prunus avium*) effect of maltose and ABA supplements. Plant Cell, Tissue and Organ Culture, 55(3): 199-209.

Shi X P, Dai X G, Liu G F, et al. 2010. Cyclic secondary somatic embryogenesis and efficient plant regeneration in camphor tree (*Cinnamomum camphora* L.). In Vitro Cellular & Developmental Biology-Plant, 46(2): 117-125.

Stasolla C, Yeung E C. 2003. Recent advances in conifer somatic embryogenesis: improving somatic embryo quality. Plant Cell, Tissue and Organ Culture, 74(1): 15-35.

Vooková B, Machava J, Šalgovičová A, et al. 2010. Optimization of Algerian fir somatic embryos maturation. Biologia Plantarum, 54(1): 177-180.

Wang H C, Chen J T, Chang W C. 2010. Morphogenetic routes of long-term embryogenic callus culture of *Areca catechu*. Biology-Plant, 54(1): 1-5.

Wu X M, Liu M Y, Ge X X, et al. 2011. Stage and tissue-specific modulation of ten conserved miRNAs and their targets during somatic embryogenesis of Valencia sweet orange. Planta, 233(3): 495-505.

Yadav C B, Jha P, Mahalakshmi C, et al. 2009. Somatic embryogenesis and regeneration of *Cenchrus ciliaris* genotypes from immature inflorescence explants. Biologia Plantarum, 53(4): 603-609.

Yang L, Bian L, Shen H L, et al. 2013. Somatic embryogenesis and plantlet regeneration from mature zygotic embryos of Manchurian ash (*Fraxinus mandshurica* Rupr.). Plant Cell, Tissue and Organ Culture, 115(2): 115-125.

Yeung E C, Stasolla C. 2000. Somatic embryogenesis-apical meristem formation and conversion. Korean Journal of Plant Tissue Culture, 27: 253-258.

Yeung E C, Stasolla C, Kong L. 1998. Apical meristem formation during zygotic embryo development of white spruce. Canadian Journal of Botany, 76(5): 751-761.

You C R, Fan T J, Gong X Q, et al. 2011. A high-frequency cyclic secondary somatic embryogenesis system for *Cyclamen persicum* Mill. Plant Cell, Tissue and Organ Culture, 107(2): 233-242.

You X L, Yi J S, Choi Y E. 2006. Cellular change and callose accumulation in zygotic embryos of *Eleutherococcus senticosus* caused by plasmolyzing pretreatment result in high frequency of single-cell-derived somatic embryogenesis. Protoplasm, 227(2-4): 105-112.

3 外源 H_2O_2 和 NO 对水曲柳体细胞胚诱导的影响

本章以水曲柳成熟合子胚为外植体,通过外源添加不同浓度的 H_2O_2 或过氧化氢酶(CAT)以增加或降低细胞内 H_2O_2 含量,并用不同浓度 NO 供体硝普钠(SNP)蒸汽熏蒸处理外植体或外源添加不同浓度 NO 清除剂(PTIO)以增加或清除细胞 NO 含量,从而调节由高浓度蔗糖处理的水曲柳成熟合子胚中的 H_2O_2 与 NO 含量,分析不同处理对体细胞胚诱导的影响,进而揭示外源 H_2O_2 和 NO 在体细胞胚胎发生过程中对体细胞胚诱导的调节作用。

3.1 材料与方法

3.1.1 试验材料

水曲柳成熟种子于 2012 年 9 月下旬采自位于哈尔滨市的东北林业大学实验林场的水曲柳林。

3.1.2 试验方法

3.1.2.1 外植体处理

将成熟种子去翅后,置于用纱布封好的烧杯中,用流水冲洗 2～3 天。在超净工作台上,用 75%(V/V)乙醇表面消毒 30s,然后用 5%(V/V)NaClO 灭菌 15min,最后用无菌水冲洗 5～6 次。用解剖刀切掉种子胚根端的 1/3～1/2,挤压种子的子叶端,取出单片子叶,将子叶的近胚轴面贴在培养基上培养。

3.1.2.2 体细胞胚诱导方法

正常诱导培养基(即对照处理)参考 Yang 等(2013)对水曲柳成熟合子胚体细胞胚诱导的研究结果: MS1/2+5mg/L NAA+2mg/L 6-BA+400mg/L CH+75g/L 蔗糖+6.5g/L 琼脂, pH 5.8。

1. H_2O_2 处理

正常诱导培养基灭菌后,用针筒式滤膜过滤器向培养基中分别注射不同浓度 H_2O_2(100μmol/L、200μmol/L 和 300μmol/L),以不添加 H_2O_2 的正常诱导培养基为对照。

2. 过氧化氢酶处理

培养方式参考孙倩等（2012）对 PPO 的处理方法。在正常诱导培养基中分别添加不同浓度的过氧化氢酶（5U/ml、50U/ml、500U/ml 和 5000U/ml），制成液体诱导培养基。在灭过菌的固体正常诱导培养基中挖一个直径 1cm、深 0.2cm 的坑，用针筒式滤膜过滤器向其中滴入 100μl 不同浓度的液体诱导培养基，以不添加过氧化氢酶的液体诱导培养基为对照。

3. SNP 处理

体细胞胚诱导培养前，在超净工作台中分别用不同浓度 SNP（100μmol/L、200μmol/L、300μmol/L、500μmol/L 和 1000μmol/L）蒸汽熏蒸处理外植体 3h，然后处理过的子叶接入正常诱导培养基中进行培养，以未经熏蒸处理的子叶为对照。

4. PTIO 处理

用针筒式滤膜过滤器向灭过菌的正常诱导培养基上滴加 1ml 不同浓度的 PTIO 溶液（100μmol/L、200μmol/L、300μmol/L、500μmol/L 和 1000μmol/L），并将溶液匀开，铺于培养基表面，以不添加 PTIO 的培养基为对照。子叶用上述培养基诱导培养 60 天，第 30 天时继代 1 次，所用的培养基和培养方式均与接种时相同。每个处理接 30 个外植体，试验重复 3 次。

3.1.2.3 培养条件

将培养皿置于无光条件下进行培养，培养温度 23～25℃，相对湿度 60%～70%。

3.1.2.4 数据观察与统计分析

分别在诱导培养的第 30 天、第 45 天和第 60 天时观察记录体细胞胚胎发生情况。采用 Excel 2003 软件进行数据处理，并用 SPSS 17.0 软件进行方差分析和多重比较。计算公式如下：

$$体细胞胚诱导率(\%) = \frac{诱导出体细胞胚的外植体个数}{总的外植体个数} \times 100$$

$$体细胞胚褐化率(\%) = \frac{有体细胞胚胎发生褐化的外植体数}{接种存活外植体数} \times 100$$

$$体细胞胚胎发生数量/外植体 = \frac{体细胞胚胎发生总数量}{有体细胞胚胎发生的外植体数}$$

$$球（心、鱼雷、子叶）形胚同步化率(\%) = \frac{球（心、鱼雷、子叶）形胚数}{存活体细胞胚数} \times 100$$

$$体细胞胚畸形率(\%) = \frac{畸形胚数}{存活体细胞胚数} \times 100$$

3.2　结果与分析

3.2.1　H_2O_2 对水曲柳体细胞胚胎发生的影响

随着 H_2O_2 处理浓度的增加，在水曲柳体细胞胚诱导培养的过程中，水曲柳体细胞胚诱导率的影响均呈现先减小后增大的趋势；继代后，对照组体细胞胚诱导率显著增加，而 H_2O_2 处理组的体细胞胚诱导率增幅较小。诱导培养第 30 天时，不同浓度 H_2O_2 处理的水曲柳外植体的体细胞胚诱导率均高于对照；至第 45 天和第 60 天时，体细胞胚诱导率降低（均低于对照）。说明短时间的 H_2O_2 处理对水曲柳体细胞胚胎发生有促进作用，但随着培养时间延长体细胞胚诱导率减小（图 3-1）。

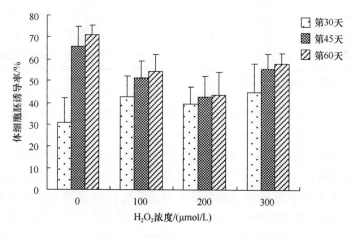

图 3-1　不同浓度 H_2O_2 对水曲柳体细胞胚诱导率的影响

不同浓度 H_2O_2 处理水曲柳外植体的第 30 天时，其体细胞胚褐化率均低于对照；而当第 30 天继代以后，其体细胞胚褐化率均大幅度增加，同时高于对照。说明短时间的 H_2O_2 处理可以抑制水曲柳体细胞胚胎发生褐化死亡现象，但随着培养时间的延长，体细胞胚褐化率增加（图 3-2）。

第 45 天和第 60 天时，由不同浓度 H_2O_2 处理的水曲柳体细胞胚胎发生数量/外植体均高于对照；其中 200μmol/L H_2O_2 处理的体细胞胚胎发生数量/外植体显著高于其他浓度处理（$P<0.05$）（表 3-1）。不同浓度 H_2O_2 处理 60 天后，球形体细胞

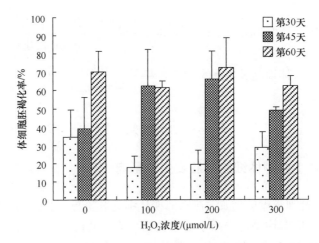

图 3-2　不同浓度 H_2O_2 对水曲柳体细胞胚褐化率的影响

表 3-1　不同浓度 H_2O_2 对水曲柳体细胞胚胎发生数量/外植体的影响

H_2O_2 浓度/（μmol/L）	第 45 天时体细胞胚胎 发生数量/外植体	第 60 天时体细胞胚胎 发生数量/外植体
0	6.22±1.51 b	7.36±0.68 b
100	7.47±2.71 b	10.15±0.79 b
200	14.58±5.45 a	17.41±3.37 a
300	7.22±2.00 b	8.09±2.89 b

注：不同小写字母表示差异显著（$P<0.05$）

胚均占多数，其同步化率大于 50%。除子叶形体细胞胚外，各发育阶段最高的体细胞胚同步化率均是由不同浓度 H_2O_2 诱导的，其中 100μmol/L H_2O_2 处理获得的心形体细胞胚同步化率最高（11.01%），同浓度下鱼雷形体细胞胚同步化率次之（8.04%）（图 3-3）。第 60 天时，随着 H_2O_2 浓度的增加水曲柳体细胞胚畸形率增加，300μmol/L 处理组的高于对照（图 3-4）。说明 H_2O_2 处理可增加水曲柳体细胞胚数量，同时提高体细胞胚同步化率，加快球形胚向心形体细胞胚和鱼雷形体细胞胚的进一步发育，且低浓度的 H_2O_2 可抑制畸形胚发生，而高浓度 H_2O_2 则促进畸形胚发生。

3.2.2　CAT 对水曲柳体细胞胚胎发生的影响

随着 CAT 处理浓度的增加，体细胞胚诱导率均呈现先减小后增加的趋势。第 30 天时，各浓度 CAT 处理的体细胞胚诱导率平均值为 39.7%，仅比对照低 2%；第 60 天时，处理组最低体细胞胚诱导率为 56.88%，比对照高 18.60%。说明短时间的 CAT 处理对水曲柳体细胞胚胎发生无明显作用，而随着培养时间延长，CAT 可促进体细胞胚胎发生（图 3-5）。

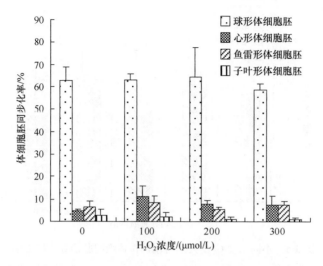

图 3-3　不同浓度 H_2O_2 处理 60 天时水曲柳体细胞胚同步化率

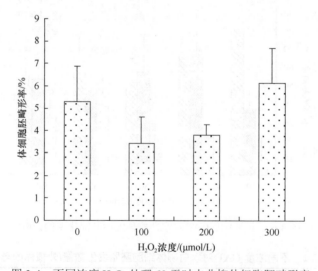

图 3-4　不同浓度 H_2O_2 处理 60 天时水曲柳体细胞胚畸形率

第 30 天时，各浓度 CAT 处理的水曲柳体细胞胚褐化率均高于对照；而第 60 天时则均低于对照。低浓度（5U/ml 和 50U/ml）的 CAT 处理水曲柳外植体 30 天后，体细胞胚褐化率有大幅度增加，而高浓度（500U/ml 和 5000U/ml）的 CAT 处理则增加的相对缓慢（图 3-6）。说明较高浓度 CAT 处理可降低体细胞胚褐化的速率。

CAT 处理的第 45 天和第 60 天时，体细胞胚胎发生数量/外植体随着 CAT 浓度增加呈现先增加后减少的趋势，并且均高于对照，其中 50U/ml CAT 处理时体细胞胚数量达最高，500U/ml CAT 时次之（表 3-2）。不同浓度 CAT 对水曲柳外植体处理 60 天后，球形体细胞胚均占多数，其同步化率大于 80%，均高于对照；除

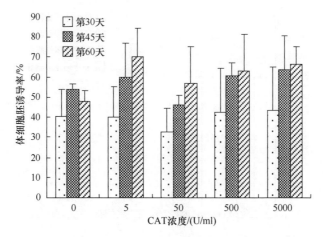

图 3-5　不同浓度 CAT 处理对水曲柳体细胞胚诱导率的影响

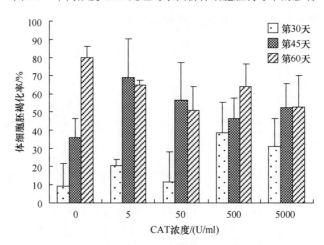

图 3-6　不同浓度 CAT 对水曲柳体细胞胚褐化率的影响

表 3-2　不同浓度 CAT 对水曲柳体细胞胚胎发生数量/外植体的影响

CAT 浓度/（U/ml）	第 45 天体细胞胚胎发生数量/外植体	第 60 天体细胞胚胎发生数量/外植体
0	4.35±2.43	4.61±1.92
5	5.38±0.88	7.04±0.41
50	6.79±2.22	7.31±3.42
500	6.15±2.62	6.80±3.09
5000	4.42±0.68	5.67±1.53

球形体细胞胚外，对照的鱼雷形体细胞胚同步化率最高，高于不同浓度 CAT 处理下的各发育阶段的同步化率。各浓度 CAT 处理的鱼雷形体细胞胚同步化率均低于对照；而心形体细胞胚同步化率中，除 500U/ml CAT 处理外均低于对照（图 3-7）。除了 50U/ml CAT 处理，其他浓度 CAT 处理的体细胞胚畸形率均低于对照（图 3-8）。

说明 CAT 可促进水曲柳外植体大量产生体细胞胚，降低体细胞胚畸形率，但却抑制同步化，并促使体细胞胚大量停留在球形胚发育阶段，向心形体细胞胚、鱼雷形体细胞胚的发育过程缓慢。

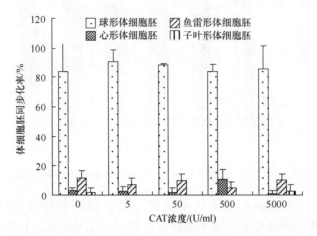

图 3-7　不同浓度 CAT 处理 60 天时水曲柳体细胞胚同步化率

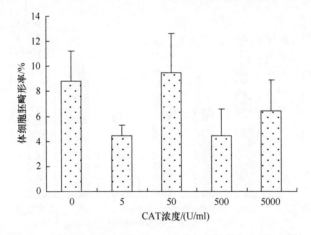

图 3-8　不同浓度 CAT 处理 60 天时水曲柳体细胞胚畸形率

3.2.3　SNP 对水曲柳体细胞胚胎发生的影响

不同浓度 SNP 处理水曲柳外植体进行体细胞胚胎发生培养的第 30 天时，体细胞胚诱导率均高于对照，100μmol/L SNP 处理时最高（58.95%），比对照高出 92.15%；第 60 天时，100μmol/L、200μmol/L 和 500μmol/L SNP 处理时的体细胞胚诱导率均高于对照，其中 500μmol/L SNP 处理时最高（85.23%），比对照高出 19.87%。说明 SNP 可促进水曲柳体细胞胚胎发生，其促进作用在体细胞胚诱导初期表现显著（图 3-9）。

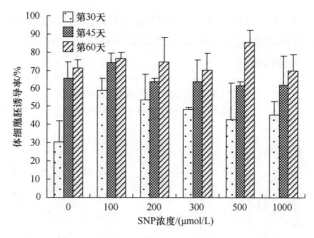

图 3-9 不同浓度 SNP 处理对水曲柳体细胞胚诱导率的影响

在水曲柳体细胞胚胎发生的不同时间里，最高的体细胞胚褐化率是由 500μmol/L SNP 处理导致的，其中培养至第 60 天时，500μmol/L SNP 处理导致的体细胞胚褐化率高于其他处理。说明高浓度 SNP 促进体细胞胚的褐化（图 3-10）。

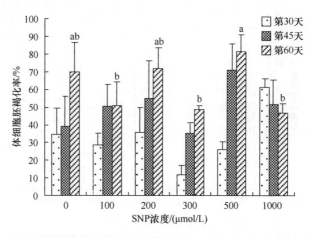

图 3-10 不同浓度 SNP 对水曲柳体细胞胚褐化率的影响
不同小写字母表示差异显著（$P<0.05$）

随着 SNP 处理浓度的增加，水曲柳体细胞胚胎发生数量/外植体均呈先增加后减少的趋势，当 SNP 浓度为 300μmol/L 时达到最大；除 1000μmol/L SNP 处理 45 天时的体细胞胚胎发生数量/外植体低于对照，其他时间下不同浓度处理均高于对照（表 3-3）。各处理对水曲柳外植体处理 60 天以后，球形体细胞胚均占多数，其同步化率大于 50%。除了 300μmol/L SNP 处理获得的心形体细胞胚同步化率和 500μmol/L SNP 处理获得的鱼雷形体细胞胚同步化率，其他各浓度 SNP 处理获得的心形体细胞胚、鱼雷形体细胞胚和子叶形体细胞胚同步化率均高于对照（图 3-11）。

除了 500μmol/L SNP 处理，其他浓度 SNP 处理获得的体细胞胚畸形率均高于对照（图 3-12）。说明 SNP 可促进水曲柳体细胞胚大量发生，同时体细胞胚同步化率均有所提高，加快球形胚向心形胚、鱼雷形胚和子叶形胚的进一步发育，但体细胞胚畸形率有所提高。

表 3-3　不同浓度 SNP 对水曲柳体细胞胚胎发生数量/外植体的影响

SNP 浓度/（μmol/L）	第 45 天体细胞胚胎发生数量/外植体	第 60 天体细胞胚胎发生数量/外植体
0	6.22±1.51	7.36±0.68
100	7.27±1.18	8.63±1.25
200	7.63±2.83	7.40±2.04
300	11.09±3.71	16.1±6.71
500	10.98±2.33	11.90±4.44
1000	5.36±2.69	7.62±3.34

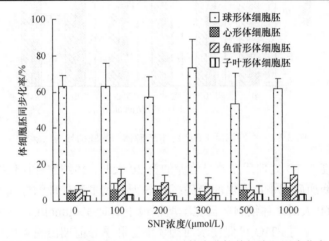

图 3-11　不同浓度 SNP 处理 60 天时的水曲柳体细胞胚同步化率

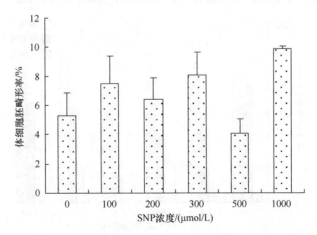

图 3-12　不同浓度 SNP 处理 60 天时的水曲柳体细胞胚畸形率

3.2.4 PTIO 对水曲柳体细胞胚胎发生的影响

不同浓度 PTIO 处理后在诱导培养的不同时间内，水曲柳体细胞胚诱导率均低于对照，且在第 60 天时随着处理浓度增加而减小。说明 PTIO 抑制水曲柳体细胞胚胎发生，并随着浓度的增加抑制作用增强（图 3-13）。

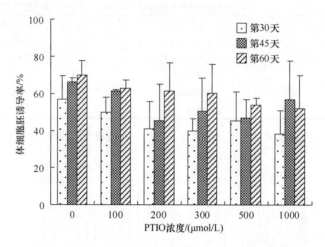

图 3-13　不同浓度 PTIO 对水曲柳体细胞胚诱导率的影响

不同浓度 PTIO 处理后在诱导培养的第 30 天时，体细胞胚褐化率随处理浓度的增加呈先增加后减小再增加的趋势；第 45 天开始多数处理的体细胞胚诱导率低于对照；第 60 天时，体细胞胚褐化率增幅最小的是 300μmol/L，其增幅是对照增幅的 1.57 倍。说明 PTIO 可促使水曲柳体细胞胚诱导前期出现褐化死亡现象，但在后期培养时其褐化现象有所减弱，但依然高于前期诱导的褐化率（图 3-14）。

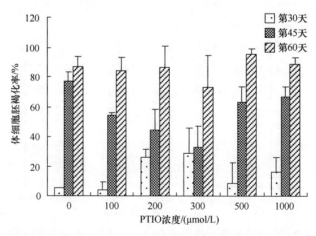

图 3-14　不同浓度 PTIO 处理对水曲柳体细胞胚褐化率的影响

　　PTIO 处理后在诱导培养的不同时间里，体细胞胚胎发生数量/外植体随PTIO 浓度增加呈先减小后增加的趋势。第 60 天时，在 200～500μmol/L PTIO 浓度范围内，体细胞胚胎发生数量/外植体均低于对照（表 3-4）。各处理处理 60天后，球形体细胞胚均占多数，其同步化率大于 60%，除 300μmol/L PTIO 外，其他浓度均低于对照。除球形胚外，各发育阶段体细胞胚的最高同步化率均是由不同浓度 PTIO 诱导导致的（图 3-15）。除 300μmol/L PTIO 处理外，其他浓度处理的体细胞胚畸形率均高于对照，基本上随浓度增加其畸形率呈先增加后减小的趋势（图 3-16）。说明在一定浓度范围内的 PTIO 可减少体细胞胚胎发生数量/外植体，同时 PTIO 促进体细胞胚畸形率的增加，但有利于提高同步化率并促进球形胚进一步发育。

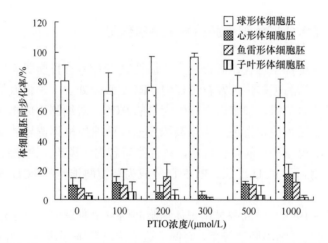

图 3-15　不同浓度 PTIO 处理 60 天时的水曲柳体细胞胚同步化率

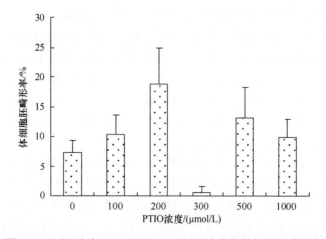

图 3-16　不同浓度 PTIO 处理 60 天时的水曲柳体细胞胚畸形率

表 3-4　不同浓度 PTIO 对水曲柳体细胞胚胎发生数量/外植体的影响

PTIO 浓度/（μmol/L）	第 45 天体细胞胚胎发生数量/外植体	第 60 天体细胞胚胎发生数量/外植体
0	4.35±0.32	5.86±0.75
100	4.49±1.34	6.44±1.78
200	3.88±1.42	4.54±1.58
300	3.19±1.93	4.17±2.36
500	4.72±1.36	5.05±1.36
1000	7.67±2.70	8.06±3.79

3.3　讨　　论

3.3.1　H_2O_2 在水曲柳体细胞胚胎发生中的作用

植物细胞在进行生理代谢时都会产生活性氧，H_2O_2 是目前研究较为深入的一种活性氧。在植物的正常生长发育过程中，ROS 必须处于一个很低的水平。然而植物体受到环境胁迫时，细胞内会产生大量的 ROS，对细胞造成伤害。在水曲柳体细胞胚胎发生过程中也发现，当用高浓度蔗糖处理外植体诱导体细胞胚胎发生时，外植体出现较为严重的褐化现象，并且伴随着褐化现象，检测到有大量 H_2O_2 生成，并且观测到了 PCD 现象。ROS 已经成为环境胁迫诱导 PCD 的一个重要信号分子。

崔凯荣等（1998）研究诱导枸杞体细胞胚胎发生时发现，一定浓度范围内的外源 H_2O_2 可提高体细胞胚诱导率，而低于这个浓度范围则作用不明显，超过这个浓度范围会抑制体细胞胚胎发生；研究同时也发现，较高浓度的内源 H_2O_2 含量对胚性细胞的形成和体细胞胚的早期发育有诱导和促进作用。本研究利用外源添加 H_2O_2 来增加细胞内 H_2O_2 含量，外源添加 CAT 来清除细胞内由渗透胁迫导致产生多余的 H_2O_2，研究 H_2O_2 对体细胞胚胎发生的作用。研究结果表明，短时间的 H_2O_2 处理可促进水曲柳体细胞胚胎发生，说明 100～300μmol/L 属于促进水曲柳体细胞胚胎发生的最适外源 H_2O_2 浓度范围。而外植体经过 H_2O_2 继代培养以后，体细胞胚胎发生受到了抑制，可能是细胞内 H_2O_2 经过长时间的积累，超过了最适浓度造成的。这提示在今后进一步的研究工作中，用 H_2O_2 处理水曲柳外植体 30 天后，应该转移到不含 H_2O_2 的正常诱导培养基进行培养，以提高体细胞胚诱导率。短时间的 CAT 处理对水曲柳体细胞胚胎发生没有明显作用，而经过长期的继代培养后促进了体细胞胚胎发生，可能是因为体细胞胚在渗透胁迫条件下长期培养产生的 H_2O_2 含量超过 CAT 清除 H_2O_2 的能力，使 H_2O_2 在外植体中得以长期积累至适宜浓度，从而促进体细胞胚胎发生。综合以上研究结果表明，一定浓度的 H_2O_2 可促进水曲柳体细胞胚胎发生，而 H_2O_2 作为一种活性氧成分，其含量过高也会影响胚性细胞的分化和发育，抑制体细胞胚胎发生。H$_2$O$_2$ 参与促进水曲柳体细胞胚胎发生，可能是由于 H$_2$O$_2$ 作为一种细胞信号物质，通过细胞信号系统调节外植体 PCD，并调节与胚胎发生相关基因的表达，从而促进胚性细胞的分化。

本研究还发现，短时间的 H$_2$O$_2$ 处理抑制水曲柳体细胞胚胎发生褐化死亡现象；H$_2$O$_2$ 对外植体长期的继代培养促进体细胞胚的褐化死亡。相比低浓度的 CAT，高浓度 CAT 处理可减缓体细胞胚褐化的速度。H$_2$O$_2$ 长期诱导培养可促进体细胞胚大量发生，并能提高体细胞胚同步化率，加快球形胚进一步发育。CAT 促进水曲柳外植体大量产生体细胞胚，但同步化却受到抑制，并促使体细胞胚发育过程缓慢。低浓度的 H$_2$O$_2$ 抑制畸形胚产生，而高浓度则促进。CAT 处理外植体使体细胞胚畸形率也有所降低。综合以上研究结果表明，H$_2$O$_2$ 含量越低，水曲柳体细胞胚褐化现象越轻，体细胞胚畸形率越低；而 H$_2$O$_2$ 含量越高，体细胞胚的同步化越好，体细胞胚发育进程越快。

3.3.2　NO 在水曲柳体细胞胚胎发生中的作用

NO 是一种活性很强的自由基，又称"活性氮"（reactive nitrogen species，RNS）。NO 在生物体中作为一种重要的第二信使被广泛研究（Delledonne et al.，1998；Durner et al.，1998）。已经知道 NO 在气孔关闭、植物抗病、植物生长发育和非生物胁迫等响应中作为信号分子发挥重要作用（Zhang and He，2009；Wilson et al.，2008；Wu et al.，2006）。NO 在动物、植物和微生物细胞的 PCD 中还作为 PCD 的一种专一内源调节分子起作用（Balestrazzi et al.，2011）。也有研究证明，NO 与 ROS 的相互作用导致了植物细胞的死亡（Zhao et al.，2001）。然而在水曲柳体细胞胚胎发生中是否有 NO 的参与，并且其对体细胞胚胎发生的作用如何还不清楚。

本研究利用 SNP 熏蒸法增加水曲柳细胞内 NO 含量，并用外源添加 PTIO 清除细胞内的 NO，从而研究 NO 对体细胞胚胎发生的作用。实验结果表明：SNP 促进水曲柳体细胞胚胎发生，而 PTIO 抑制水曲柳体细胞胚胎发生，并随着浓度的增加抑制作用增强。说明 NO 参与水曲柳体细胞胚胎发生过程，其含量越高，体细胞胚诱导率越高；含量越低，体细胞胚诱导率越低。造成这一结果的原因可能是 NO 作为一种内源调节分子在水曲柳细胞的 PCD 中起作用。Rodríguez-Serrano 等（2012）对大麦的小孢子体细胞胚胎发生研究表明，离体小孢子和胚性悬浮细胞两个离体系统在受到胁迫处理后出现了内源 NO 含量的增加，同时伴随着细胞死亡量的增加，用 cPTIO（NO 清除剂）清除 NO 后细胞死亡比例显著减少，当添加 GSNO（NO 供体）后细胞死亡比例增加，支持 NO 参与这两个体系 PCD 的想法。但是 Ötvös 等（2005）研究结果认为，虽然紫花苜蓿叶片原生质体分离细胞在高浓度生长素（5～10μmol/L 2,4-D）处理下形成胚性细胞，但 SNP 处理可促使其在低浓度（1μmol/L）2,4-D 存在下形成胚性细胞；促使体细胞胚形成的 *MsSERK1* 基因高水平的表达和细胞进一步的发育证明了 NO 和激素共同决定细胞的发育途径。关于 NO 在水曲柳体细胞胚胎发生中所涉及的信号通路有待进一步研究。

3.4 本章结论

H_2O_2 在水曲柳体细胞胚胎发生中起着重要的作用。适当增加外植体细胞内 H_2O_2 含量有利于体细胞胚诱导。短时间 H_2O_2 处理可促进水曲柳体细胞胚胎发生，抑制褐化死亡现象，而 H_2O_2 处理下长期培养则会抑制体细胞胚胎发生率，促进褐化死亡。低浓度的 H_2O_2 抑制畸形胚产生，而高浓度则促进。清除外植体细胞中 H_2O_2 降低了体细胞胚诱导率，有利于体细胞胚数量增加，降低畸形胚比例，但不利于体细胞胚进一步发育。在应用中，可利用低浓度 H_2O_2 处理外植体 30 天后，将外植体转移到无 H_2O_2 培养基中继续培养以获得更高的体细胞胚诱导率和较多的高质量体细胞胚。

NO 在水曲柳体细胞胚胎发生中起着重要的作用。增加外植体细胞内 NO 含量有利于体细胞胚胎发生和发育。SNP 处理促进水曲柳体细胞胚胎发生，其促进作用在体细胞胚诱导初期表现更明显。高浓度的 SNP 促进体细胞胚胎发生褐化现象。SNP 促进水曲柳体细胞胚大量发生，同时体细胞胚同步化率均有所提高，加快球形胚进一步发育，但体细胞胚畸形率有所提高。减少外植体细胞中 NO 含量不利于体细胞胚胎发生和发育。PTIO 处理抑制水曲柳体细胞胚胎发生，并随着浓度的增加抑制作用增强。PTIO 促使水曲柳外植体出现褐化死亡现象。PTIO 可减少体细胞胚胎发生数量/外植体，同时 PTIO 促进体细胞胚畸形率的增加。在应用中，可利用外源 NO 供体 SNP 处理外植体以获得更高的体细胞胚诱导率和更多高质量体细胞胚。

参 考 文 献

崔凯荣, 任红旭, 邢更妹, 等. 1998. 枸杞组织培养中抗氧化酶活性与体细胞胚发生相关性的研究. 兰州大学学报(自然科学版), 34(3): 93-99.

孙倩, 杨玲, 沈海龙, 等. 2012. PPO 处理对水曲柳合子胚子叶外植体褐化和体胚发生的影响. 东北林业大学学报, 11: 1-5+9.

Balestrazzi A, Agoni V, Tava A, et al. 2011. Cell death induction and nitric oxide biosynthesis in white poplar (*Populus alba*) suspension cultures exposed to alfalfa saponins. Physiologia plantarum, 141(3): 227-238.

Delledonne M, Xia Y, Dixon R A, et al. 1998. Nitric oxide functions as a signal in plant disease. Nature, 394(6693): 585-588.

Durner J, Wendehenne D, Klessig D F. 1998. Defense gene induction in tobacco by nitric oxide, cyclic GMP, and cyclic ADP-ribose. Proceedings of the National Academy of Sciences, 95(17):

10328-10333.

Ötvös K, Pasternak T P, Miskolczi P, et al. 2005. Nitric oxide is required for, and promotes auxin-mediated activation of, cell division and embryogenic cell formation but does not influence cell cycle progression in alfalfa cell cultures. The Plant Journal, 43(6): 849-860.

Rodríguez-Serrano M, Bárány I, Prem D, et al. 2012. NO, ROS, and cell death associated with caspase-like activity increase in stress-induced microspore embryogenesis of barley. Journal of Experimental Botany, 63(5): 2007-2024.

Wilson I D, Neill S J, Hancock J T. 2008. Nitric oxide synthesis and signalling in plants. Plant Cell & Environment, 31(5): 622.

Wu X X, Zhu Y L, Zhu W M, et al. 2006. Effects of exogenous nitric oxide on seedling growth of tomato under NaCl stress. Acta Botanica Boreali-Occidentalia Sinica, 26(6): 1206-1211.

Yang L, Bian L, Shen H L, et al. 2013. Somatic embryogenesis and plantlet regeneration from mature zygotic embryos of Manchurian ash (*Fraxinus mandshurica* Rupr.). Plant Cell, Tissue and Organ Culture, 115(2): 115-125.

Zhang A L, He J M. 2009. The role of nitric oxide in light-inhibited senescence of wheat leaves. Acta Botanica Boreali-Occidentalia Sinica, 29(3): 512-517.

Zhao Z, Chen G, Zhang C. 2001. Interaction between reactive oxygen species and nitric oxide in drought-induced abscisic acid synthesis in root tips of wheat seedlings. Functional Plant Biology, 28(10): 1055-1061.

4　水曲柳体细胞胚的增殖
和植株再生培养

本章以水曲柳成熟合子胚在诱导培养基上产生的体细胞胚为试验材料，进行了体细胞胚的增殖、次生体细胞胚的萌发及再生植株的移栽驯化研究，分析了不同处理对体细胞胚增殖、次生体细胞胚萌发和植株再生的影响，获得了形态发育正常的水曲柳再生植株并顺利实现移栽驯化，为建立水曲柳成熟合子胚体细胞胚胎发生途径的植株再生系统奠定了基础。

4.1　材料与方法

4.1.1　试验材料

以水曲柳成熟合子胚在诱导培养基上产生的体细胞胚为试验材料。

4.1.2　试验方法

4.1.2.1　水曲柳体细胞胚的增殖

将诱导培养基上诱导出的发育良好的子叶形胚从外植体上剥落，转移到增殖培养基上。基本培养基类型为 MS1/2，NAA 浓度梯度设定为 0mg/L、0.01mg/L 和 0.05mg/L，酸水解酪蛋白（CH）浓度设定为 0mg/L、200mg/L 和 400mg/L，均加入 25g/L 蔗糖与 6g/L 琼脂。每皿接种 30 个子叶形胚，每处理 5 个重复。

培养条件：温度(24 ± 2)℃，每天 16h 光照，光照强度为 $40\mu mol/(m^2 \cdot s)$。

次生体细胞胚增殖率按以下公式计算：

$$次生体细胞胚增殖率(\%) = \frac{发生次生体细胞胚的体细胞胚数}{总外植体数} \times 100$$

4.1.2.2　水曲柳次生体细胞胚的萌发

子叶形的次生体细胞胚在水曲柳体细胞胚成熟培养基（MS1/2 培养基，添加 10mmol/L ABA、75g/L 蔗糖、400mg/L CH 和 6.0g/L 琼脂）上培养 17 天后，转移到新的萌发培养基上以促进子叶的萌发和胚根的向下生长。萌发培养基为 MS1/2

培养基，添加 0.2mg/L 6-BA、20g/L 蔗糖、200mg/L CH 及 6g/L 琼脂。

培养条件同上，培养 4 周。

次生体细胞胚的萌发率按如下公式计算：

$$次生体细胞胚萌发率(\%) = \frac{正常萌发的次生体细胞胚数}{总休细胞胚数} \times 100$$

1. 次生体细胞胚萌发的基本培养基类型的筛选

培养 4 周后，从体细胞胚萌发的无性系中随机选取地上部分已生长 1.0～1.5cm 的小株，转移到生根培养基中。生根培养基类型为 MS、1/2MS、1/3MS（大量元素为 MS 培养基组分的 1/3）、MS1/2、WPM，均添加 0.01mg/L NAA、20g/L 蔗糖、6g/L 琼脂。每处理需要 30 个萌发的次生体细胞胚，试验重复 3 次。

2. NAA 浓度对次生体细胞胚萌发的影响

为明确 NAA 对次生体细胞胚萌发影响，试验设定 0mg/L、0.01mg/L、0.02mg/L、0.1mg/L、0.2mg/L、0.4mg/L 6 个处理浓度，以 1/3MS 为基本培养基，添加 20g/L 蔗糖、6g/L 琼脂。

培养条件同上。

4.1.2.3 体细胞胚苗的移栽和驯化

两个月后，挑选发育良好的植株，在不损伤组织的情况下洗去根部表面的培养基，将植株移栽到口径为 6.5cm×10.5cm 的培养瓶中，培养瓶中的基质为草炭土：蛭石：珍珠岩［比例为 5：3：2（*V/V/V*）］且已灭菌，用 MS（无糖和激素）营养液拌基质混匀。每瓶一株小苗，置于温室中培养。先在每天 16h 光照、光照强度为 0.3～0.6μmol/(m²·s)条件下培养 7 天，然后转移到每天 16h 光照、光照强度为 40μmol/(m²·s)条件下，环境温度保持在 25℃，相对湿度保持在 85%～90%（培养瓶瓶口用保鲜膜罩上保湿）。每天以喷雾或滴加的方式保持基质中的水分，且每天通风 30min。从培养的第 15 天开始到第 30 天，逐渐撤去保鲜膜，使植株逐渐适应室内环境。

经过 40 天的驯化培养，把植株转移到口径为 15cm×10cm 的塑料容器内。基质和培养环境同上，一对一移栽。其中相同基因型移栽了 315 株小苗。

4.1.3 数据处理与分析

对所得数据均用 Excel 2003 和 SPSS 17.0 等软件进行方差分析和多重比较。表格中数据为平均值±标准差。

4.2 结果与分析

4.2.1 水曲柳体细胞胚的增殖

4.2.1.1 NAA 对水曲柳体细胞胚增殖的影响

将 2.5～3.0mm 大小的子叶形胚从外植体上分离，接种到增殖培养基上。培养 4 周后，次生体细胞胚从子叶形体细胞胚上直接发生。方差分析表明，不同浓度 NAA 对次生体细胞胚胎发生的影响差异极显著（$P<0.01$）。NAA 浓度为 0.05mg/L 时，体细胞胚增殖率最大（93.3%），与其他处理存在显著极差异（$P<0.01$），而且单个外植体的体细胞胚增殖个数大于 30 个。结果分析认为，在 MS1/2 培养基中添加低浓度 NAA，有利于提高次生体细胞胚胎发生率（表 4-1）。

表 4-1 NAA 浓度对水曲柳体细胞胚增殖（次生体细胞胚胎发生）的影响

NAA 浓度/（mg/L）	次生体细胞胚胎发生率/%	单个外植体上的体细胞胚数
0	53.3±4.7 b	2～10
0.01	37.3±11.2 c	21～30
0.05	93.3±4.7 a	30～40

注：不同小写字母表示差异极显著（$P<0.01$）

4.2.1.2 酸水解酪蛋白（CH）对水曲柳体细胞胚增殖的影响

方差分析表明，不同 CH 浓度对水曲柳体细胞胚增殖的影响存在极显著差异（$P<0.01$）。随着 CH 浓度的增大，次生体细胞胚诱导率也增大。且添加 400mg/L CH 时，体细胞胚增殖率最大（93.3%）。总之，CH 的添加提高了次生体细胞胚胎发生率（表 4-2）。

表 4-2 酸水解酪蛋白（CH）浓度对水曲柳体细胞胚增殖（次生体细胞胚胎发生）的影响

酸水解酪蛋白浓度/（mg/L）	次生体细胞胚胎发生率/%	单个外植体上的体细胞胚数
0	10.7±7.6 c	2～20
200	62.7±7.6 b	24～38
400	93.3±4.7 a	30～40

注：不同小写字母表示差异极显著（$P<0.01$）

4.2.2 次生体细胞胚的形态学观察

通过体细胞胚增殖观察到了次生体细胞胚的发生（图 4-1）。大多数次生体细胞胚为浅黄色，少些表现为绿色（图 4-1a）；次生体细胞胚在原初体细胞胚的胚根端表面发生（图 4-1b～e）；次生体细胞胚也经历了由球形胚（图 4-1b，c）、心形胚（图 4-1d）、鱼雷形胚（图 4-1e～g）、子叶形胚（图 4-1h，i）几个阶段。正常的次生体细胞胚有两片子叶（图 4-1h，i），畸形子叶形胚是杆状无子叶的（图 4-1j）。

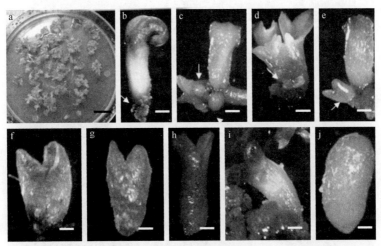

图 4-1　水曲柳次生体细胞胚胎发生的形态学观察（彩图请扫封底二维码）

a～e. 次生体细胞胚胎发生；b～e. 次生体细胞胚在初生胚的胚根端或是下胚轴处发生；b，c. 箭头所示为球形胚；d. 箭头所示为心形胚；e～g. 鱼雷形胚；h，i. 子叶形胚（正常）；j. 无子叶的杆状畸形子叶形胚

比例尺：a. 1cm；b～e，i. 1.25mm；f，j. 300μm；g. 375μm；h. 187.5μm

4.2.3　水曲柳次生体细胞胚的萌发

萌发培养基为 MS1/2 培养基，添加 0.2mg/L 6-BA、20g/L 蔗糖、200mg/L 酸水解酪蛋白和 6.0g/L 琼脂。正常的次生体细胞胚在培养 15 天后子叶变绿；25 天后，具有形态意义上的根和子叶（图 4-2b，c）。培养 30 天后体细胞胚的萌发率为 92.0%，生根率为 27.1%。将随机挑选已经正常萌发且具有 1.0～1.5cm 茎高的子叶形胚转移到生根培养基上继续培养 4 周。

方差分析结果表明，不同培养基类型对次生体细胞胚萌发影响存在极显著差异（$P<0.01$）。培养 20 天后，次生体细胞胚正常萌发（图 4-2d），高生长，叶片数及叶面积都随培养时间的延长而增加（图 4-2e）。2 个月后在 1/3MS 培养基上获得了最高的萌发率（94.4%）（表 4-3）。

当培养基添加一定量的萘乙酸（NAA）时，萌发率会明显提高。试验结果表明，萌发率随着 NAA 浓度的增大反而呈下降趋势。方差分析结果表明，NAA 对萌发率影响极显著（$P<0.01$）。培养 2 个月后在添加 0.01mg/L NAA 的培养基上获得了最高的萌发率（94.4%）；该处理和对照（不加 NAA）相比，对萌发率的影响不存在差异（表 4-4）。

图 4-2 水曲柳次生体细胞胚萌发成正常植株的过程（彩图请扫封底二维码）

a. 体细胞胚的成熟；b～c. 次生体细胞胚在萌发培养基上萌发变绿，具有形态意义上的根和子叶；d. 萌发的体细胞胚在生根培养基（1/3MS 添加 0.01mg/L NAA）上培养 20 天；e. 再生植株在生根培养基上培养 60 天后；f～h. 体细胞胚苗在基质中驯化培养 8 天、21 天、40 天的状态；i～k. 培养 3 个月（i）和 5 个月（j、k）的体培苗比例尺：a～k. 10mm

表 4-3 基本培养基类型对次生体细胞胚萌发率的影响

培养基类型	次生体细胞胚萌发率/%
MS	87.8±1.9 b
1/2MS	87.8±2.6 b
1/3MS	94.4±1.7 a
MS1/2	86.7±3.3 b
WPM	51.1±3.8 c

注：不同小写字母表示差异极显著（$P<0.01$）

表 4-4 NAA 浓度对次生体细胞胚萌发的影响

NAA 浓度/（mg/L）	次生体细胞胚萌发率/%
0	83.3±5.8 a
0.01	94.4±1.7 a
0.02	76.7±5.1 ab
0.1	73.3±2.5 ab
0.2	66.7±5.3 ab
0.4	33.6±11.6 b

注：不同小写字母表示差异极显著（$P<0.01$）

4.2.4　体细胞胚苗的移栽和驯化

转入基质中的移栽小苗在 8 天后长出新的叶子（图 4-2f）；移栽 21 天时叶子长大，有新叶长出（图 4-2g），成活率 100%。之后经过 40 天的驯化培养，315 株小苗有 267 株成活，成活率为 84.8%，植株长出新的羽状复叶，且长势良好（图 4-2h）；移栽到更大一些的塑料容器内在原培养条件下植株没有表现出任何形态异常（图 4-2i～k），经过 5 个月的观察期（图 4-2j～k），将植株移栽到室外。

4.3　讨　　论

水曲柳体细胞胚胎发生及再生植株转化体系的建立，对时间和技术都有很高的要求，因此要对现有的水曲柳体细胞胚胎发生体系进行质的改进，但有些困难是需要克服的。目前限制水曲柳体细胞胚胎发生体系的商业价值开发的关键因素是：体细胞胚萌发率低（<10%），且体培苗生长缓慢（Kong et al.，2012）。本章通过对水曲柳次生体细胞胚的诱导，即体细胞胚的大量增殖，获取大量的水曲柳体细胞胚，并获得了再生植株。

基因型、培养条件等很多因素会限制体细胞胚的发生，因此通过体细胞胚的重复发生即次生体细胞胚的重复发生，从体细胞胚再次诱导出体细胞胚来实现体细胞胚的大量增殖（吕秀立和施季森，2006）。在欧洲七叶树（*Aesculus hippocastanum* L.）的次生体细胞胚重复发生中，发现次生体细胞胚的诱导受激素的影响比较大，在含玉米素（zeatin，ZT）和吲哚乙酸（indole-3-acetic acid，IAA）的培养基中易重复发生，而在含 KT、TDZ、BA、NAA 的培养基中发生能力受到限制（吕秀立和施季森，2006）；与本研究结果不一致，说明激素对不同树种的次生体细胞胚胎发生调控作用不同。李成浩等（2007）对枳椇（*Hovenia dulcis* Thunb.）次生体细胞胚研究发现，30℃有利于次生体细胞胚的诱导，20℃有利于次生体细胞胚的发育，植株再生和移栽成活，认为高温可能作为一种逆境胁迫促使次生体细胞胚的发生。

一些植物的休细胞胚转化和萌发是体细胞胚胎发生体系中最棘手的阶段（Maruyama and Hosoi，2012；Krajňáková et al.，2008）。对萌发培养基进行严格的筛选可以促进成熟体细胞胚的萌发和转化。本研究通过水曲柳成熟合子胚体细胞胚的发生，建立了水曲柳高频植株再生体系。培养基中添加少量 NAA 使植株转化力明显提高。次生体细胞胚在 1/3MS 并添加 0.01mg/L NAA 的培养基上光下培养 8 周，超过 94% 的次生体细胞胚成功转化为小植株，85% 的小苗生长健壮，与合子胚萌发形态相同。

4.4　本　章　结　论

水曲柳最佳的次生体细胞胚诱导培养基为 MS1/2，添加 0.05mg/L NAA、

400mg/L 酸水解酪蛋白,加入 25g/L 蔗糖与 6g/L 琼脂。体细胞胚增殖率为 93.3%。次生体细胞胚在原初体细胞胚的胚根端表面发生;也经历了由球形胚、心形胚、鱼雷形胚、子叶形胚几个阶段,且不同步发生,有畸形子叶形胚出现。

萌发培养基为 MS1/2 培养基,添加 0.2mg/L 6-BA、20g/L 蔗糖、200mg/L 酸水解酪蛋白和 6.0g/L 琼脂。培养 30 天后体细胞胚的萌发率为 92.0%,生根率为 27.1%。

生根培养基为 1/3MS,添加 0.01mg/L NAA,94.4%转化为再生植株。将体培苗转入用 MS(无糖和激素)营养液拌匀的基质中 [草炭土:蛭石:珍珠岩为 5:3:2(*V/V/V*),且已灭菌],最终移栽成活率为 85%。

参 考 文 献

李成浩, 刘宝光, 王伟达, 等. 2007. 温度对枳椇次生胚发生和植株再生的影响. 植物生理学通讯, 43(3): 453-456.

吕秀立, 施季森. 2006. 欧洲七叶树体细胞次生胚重复发生研究. 南京林业大学学报(自然科学版), 30(2): 76-79.

Kong D M, Shen H L, Li N. 2012. Influence of AgNO₃ on somatic embryo induction and development in Manchurian ash (*Fraxinus mandshurica* Rupr.). African Journal of Biotechnology, 11(1): 120-125.

Krajňáková J, Gömöry D, Häggman H. 2008. Somatic embryogenesis in Greek fir. Canadian Journal Forest Research, 38(4): 760-769.

Maruyama T E, Hosoi Y. 2012. Post-maturation treatment improves and synchronizes somatic embryo germination of three species of Japanese pines. Plant Cell, Tissue and Organ Culture, 110(1): 45-52.

5 水曲柳体细胞胚增殖材料的筛选和继代次数分析

本章以不同发育状态的水曲柳体细胞胚和胚性愈伤组织为材料，筛选出了水曲柳体细胞胚增殖培养的最佳材料，并研究了继代次数对水曲柳体细胞胚增殖培养的影响，分析了水曲柳体细胞胚继代过程中的胚性保持能力，为水曲柳种质资源保存和优质资源大量扩繁奠定了基础。

5.1 材料与方法

5.1.1 试验材料

以水曲柳成熟合子胚经诱导和增殖培养产生的体细胞胚和胚性愈伤组织为试验材料。

5.1.2 试验方法

5.1.2.1 水曲柳体细胞胚和胚性愈伤组织的获得

诱导培养基采用 MS1/2+5mg/L NAA+2mg/L 6-BA+400mg/L CH+75g/L 蔗糖+6.5g/L 琼脂, pH 5.8; 增殖培养基采用 MS1/2+ 0.05mg/L NAA+400mg/L CH+25g/L 蔗糖+6.0g/L 琼脂, pH 5.8。无菌条件下获得的水曲柳子叶经 2 个月的诱导培养（第 30 天用相同培养基继代 1 次）后，转接到增殖培养基中每隔 30 天继代 1 次，获得体细胞胚和胚性愈伤组织。

5.1.2.2 水曲柳体细胞胚增殖培养材料的筛选

将经过 1 个月增殖培养产生的子叶形体细胞胚和胚性愈伤组织分为 9 个级别（即 9 个处理），并从子叶上剥离下来，继代到增殖培养基上继续培养。按增殖方式将试验材料分为直接增殖材料和间接增殖材料。直接增殖材料包括 2mm 未变绿体细胞胚（2 未绿胚）、3mm 未变绿体细胞胚（3 未绿胚）、4mm 未变绿体细胞胚（4 未绿胚）、5mm 未变绿体细胞胚（5 未绿胚）、3mm 变绿体细胞胚（3 绿胚）、5mm 变绿体细胞胚（5 绿胚）、7mm 变绿体细胞胚（7 绿胚）、杆状畸形体细胞胚

（杆形胚）；间接增殖材料则为直径 5mm 包含不同发育时期体细胞胚的胚性愈伤组织（愈伤团）。每个处理接 30 个材料，试验重复 2 次。

5.1.2.3 水曲柳体细胞胚增殖培养的继代次数分析

增殖培养期间每次均以胚性愈伤团的形式继代。每个处理接 20 个材料，试验重复 3 次。

5.1.2.4 培养条件

诱导培养阶段于无光条件下进行，增殖阶段于光下进行，光照强度 40μmol/(m²·s)，温度 23～25℃，相对湿度 60%～70%。

5.1.3 数据观察与统计分析

增殖培养的第 30 天观察记录体细胞胚增殖情况。采用 Excel 2003 软件进行数据处理，并用 SPSS 17.0 软件进行方差分析和多重比较。计算公式如下：

$$次生体细胞胚增殖率(\%) = \frac{发生次生体细胞胚的体细胞胚个数}{总外植体个数} \times 100$$

$$直接增殖的体细胞胚率(\%) = \frac{有次生体细胞胚直接发生的体细胞胚数}{有次生体细胞胚发生的体细胞胚数} \times 100$$

$$次生体细胞胚数量/初生体细胞胚 = \frac{增殖的次生体细胞胚总数}{有次生体细胞胚发生的体细胞胚数}$$

$$体细胞胚愈伤化率(\%) = \frac{愈伤化的体细胞胚数}{存活的体细胞胚数} \times 100$$

$$体细胞胚褐化死亡率(\%) = \frac{褐化死亡体细胞胚数}{未染菌体细胞胚数} \times 100$$

$$直接发生在子叶（胚轴/胚根）上的次生体细胞胚率(\%) = \frac{直接发生在子叶（胚轴/胚根）上的次生体细胞胚数}{直接增殖的次生体细胞胚数} \times 100$$

$$球形（心形/鱼雷形/子叶形）次生体细胞胚同步化率(\%) = \frac{球形（心形/鱼雷形/子叶形）次生体细胞胚数}{增殖的次生体细胞胚总数} \times 100$$

$$畸形次生体细胞胚率(\%) = \frac{畸形次生体细胞胚数}{增殖的次生体细胞胚总数} \times 100$$

$$体细胞胚萌发率(\%) = \frac{萌发的体细胞胚数}{存活的体细胞胚数} \times 100$$

$$体细胞胚生根率（\%）=\frac{生根的体细胞胚数}{存活的体细胞胚数}\times100$$

$$褐化次生体细胞胚率（\%）=\frac{褐化死亡次生体细胞胚数}{增殖的次生体细胞胚总数}\times100$$

$$体细胞胚生根长真叶率（\%）=\frac{生根长真叶的体细胞胚数}{存活的体细胞胚数}\times100$$

5.2　结果与分析

5.2.1　水曲柳体细胞胚增殖培养的材料筛选

5.2.1.1　水曲柳体细胞胚直接增殖培养的材料筛选

不同发育状态的体细胞胚对水曲柳体细胞胚直接增殖培养的体细胞胚增殖率和体细胞胚褐化死亡率的影响存在极显著差异（$P<0.01$），而对体细胞胚愈伤化率的影响存在显著差异（$P<0.05$）。未变绿的体细胞胚中，随着发育程度的加深，体细胞胚增殖率呈先增加后减小的趋势；变绿的体细胞胚中，随着发育程度的增大，体细胞胚增殖率逐渐减小。4mm 未变绿体细胞胚的体细胞胚增殖率最高（42.98%），其次是杆状畸形体细胞胚（41.43%），再次是 3mm 变绿体细胞胚（37.86%）。3 绿胚的体细胞胚增殖数量比其他尺寸的体细胞胚高。发生增殖的体细胞胚中大多数是通过直接发生方式进行的体细胞胚增殖（85.71%～100%）（表 5-1）。

表 5-1　不同状态的体细胞胚对水曲柳体细胞胚直接增殖培养的影响

直接增殖材料	体细胞胚增殖率/%	直接增殖的体细胞胚率/%	体细胞胚增殖数量/个	体细胞胚愈伤化率/%	体细胞胚褐化死亡率/%
2 未绿胚	26.67±4.71 bc	94.44±7.86	3.44±1.40	48.33±11.79 bc	1.67±0.36 b
3 未绿胚	28.79±1.71 bc	94.44±7.86	2.71±0.06	47.18±22.84 bc	0.00 b
4 未绿胚	42.98±5.22 a	95.45±6.43	2.85±0.31	61.79±11.62 abc	1.67±0.66 b
5 未绿胚	20.00±4.71 c	85.71±20.20	4.79±1.11	78.33±7.07 ab	0.00 b
3 绿胚	37.86±3.03 ab	100.00±0.00	5.03±3.72	34.52±1.68 c	27.38±5.42 a
5 绿胚	24.05±3.70 c	87.50±17.68	2.25±0.35	47.86±17.17 bc	0.00 b
7 绿胚	23.38±7.35 c	87.50±17.68	2.25±1.77	72.08±0.92 ab	0.00 b
杆形胚	41.43±2.02 a	91.67±11.79	2.58±0.35	85.95±10.44 a	3.57±1.05 b

注：不同小写字母表示差异显著（$P<0.05$）

直接增殖的次生体细胞胚多数发生在胚轴（图 5-1a）和胚根（图 5-1b）上，极少数发生在子叶（图 5-1c）上。并且体细胞胚越幼嫩，越容易在胚根上发生增殖；越成熟，越容易在胚轴上发生增殖（图 5-2）。在增殖培养基上，体细胞胚本身也会出现愈伤化（图 5-1d）和褐化死亡（图 5-1e）的现象。体细胞胚的愈伤部

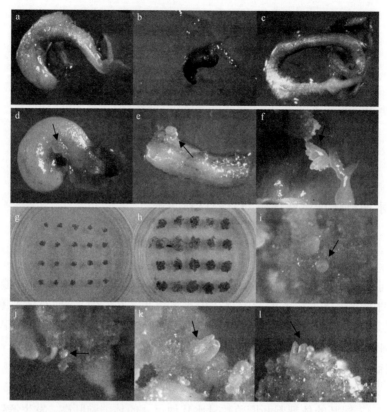

图 5-1　水曲柳体细胞胚增殖培养和次生体细胞胚胎发生发育（彩图请扫封底二维码）

a~f. 直接增殖培养过程；a. 发生在胚轴上的心形次生体细胞胚（16×）；b. 发生在胚根上的鱼雷形次生体细胞胚
（16×）；c. 发生在子叶上的子叶形次生体细胞胚（12.5×）；d. 愈伤化的体细胞胚（8×）；e. 褐化死亡的体细胞胚（8×）；
f. 萌发的体细胞胚（8×）；g~l. 继代后的间接增殖培养过程；g. 继代后 0 天的愈伤团；h. 继代后 30 天的愈伤团；
i. 球形次生体细胞胚（16×）；j. 心形次生体细胞胚（16×）；k. 畸形的鱼雷形次生体细胞胚（16×）；l. 畸形的子叶
形次生体细胞胚（16×）

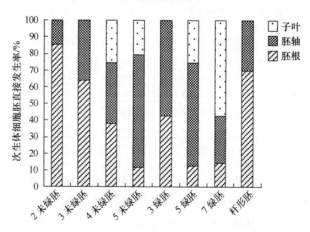

图 5-2　水曲柳次生体细胞胚直接发生的部位分析

位主要是胚轴，少数子叶和极少数胚根也会愈伤化。未变绿体细胞胚和变绿体细胞胚的愈伤化率均随着发育程度的增大而增加，而杆状畸形体细胞胚的愈伤化率最大。增殖培养时，大多数体细胞胚都能正常进行分化发育，只有极少数体细胞胚出现了褐化死亡现象，除 3mm 变绿体细胞胚外，其褐化死亡率显著高于其他发育程度的体细胞胚（图 5-2）。

不同发育阶段的水曲柳体细胞胚中，同步化率最高的是 5mm 变绿体细胞胚（68.33%），其次是 4mm 未变绿体细胞胚（63.05%），再次是 3mm 未变绿体细胞胚（58.90%）（图 5-3）。水曲柳体细胞胚直接增殖的球形次生体细胞胚、心形次生体细胞胚、鱼雷形次生体细胞胚和子叶形次生体细胞胚同步化率最高的分别是 4mm 未变绿体细胞胚（63.05%）、4mm 未变绿体细胞胚（8.09%）、3mm 变绿体细胞胚（24.28%）和 5mm 变绿体细胞胚（68.33%）（图 5-3）。未变绿体细胞胚和杆状畸形体细胞胚均以球形次生体细胞胚同步化为主，其次是子叶形次生体细胞胚和鱼雷形次生体细胞胚；变绿体细胞胚以子叶形次生体细胞胚同步化为主，其次是球形次生体细胞胚和鱼雷形次生体细胞胚（图 5-3）。体细胞胚大小只有变绿体细胞胚的子叶形次生体细胞胚比未变绿体细胞胚的长，说明体细胞胚越成熟，其同步化率越大，次生体细胞胚发育程度越快（表 5-2）。变绿体细胞胚的畸形次生体细胞胚率最高，其次是杆状畸形体细胞胚，而未变绿体细胞胚最小，并且未变绿体细胞胚发育程度越高，畸形次生体细胞胚率越大，但是 5mm 未变绿体细胞胚则开始降低，说明体细胞胚越成熟，其畸形次生体细胞胚率越大，并且畸形体细胞胚对畸形次生体细胞胚率的影响也很大（图 5-4）。

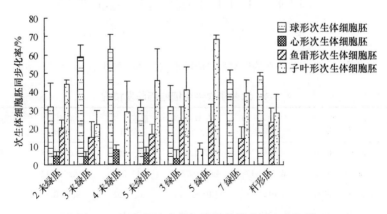

图 5-3　水曲柳次生体细胞胚的增殖同步化比较

水曲柳体细胞胚在直接增殖培养基中光下培养，体细胞胚除了进行细胞分化再次产生次生体细胞胚外，其自身还自行生长发育，进一步萌发生根（图 5-1f）。体细胞胚发育程度对体细胞胚萌发率有显著的影响（$P<0.05$）。体细胞胚发育程度越高，其萌发率越大，次生体细胞胚越长，但生根率有所下降，胚根越短。7mm

变绿体细胞胚和杆状畸形体细胞胚的萌发率最高，均为 96.43%，但生根率均为 0（表 5-3）。综合以上研究结果认为，适宜用来进行水曲柳体细胞胚直接增殖的材料为 4mm 未变绿体细胞胚。

表 5-2　水曲柳体细胞胚直接增殖培养产生的次生体细胞胚大小比较（单位：mm）

直接增殖材料	球形胚长×宽	心形胚长×宽	鱼雷形胚长×宽	子叶形胚长×宽
2 未绿胚	0.31×0.29	0.25×0.22	0.55×0.34	1.58×0.78
3 未绿胚	0.63×0.56	0.33×0.30	1.05×0.70	2.92×1.06
4 未绿胚	0.26×0.24	0.29×0.25	0.63×0.38	1.06×0.63
5 未绿胚	0.36×0.34	0.31×0.28	0.66×0.47	1.91×0.91
3 绿胚	0.26×0.23	0.31×0.28	0.59×0.40	1.75×0.97
5 绿胚	0.38×0.34	0.38×0.34	0.67×0.47	2.64×1.43
7 绿胚	0.29×0.25	0.30×0.27	0.76×0.55	2.14×1.02
杆形胚	0.27×0.23	0.39×0.31	0.83×0.48	1.39×0.80

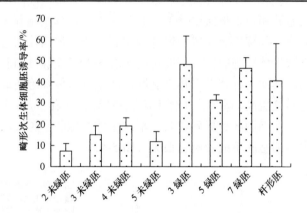

图 5-4　水曲柳直接增殖培养的畸形次生体细胞胚诱导率比较

表 5-3　水曲柳次生体细胞胚萌发情况

直接增殖材料	次生体细胞胚萌发率/%	次生体细胞胚生根率/%	次生体细胞胚长/mm	胚长范围/mm	胚根长/mm	胚根长范围/mm
2 未绿胚	65.00±7.07 bc	8.33±2.36	9.67±1.61 b	3～20	6.67±0.47	4～10
3 未绿胚	66.21±8.78 bc	8.56±3.40	9.69±0.77 b	4～20	9.25±3.42	4～37
4 未绿胚	69.05±3.37 bc	1.79±2.53	11.06±0.04 b	5.5～22	2.00±0.00	2
5 未绿胚	72.78±0.79 bc	7.22±3.50	13.90±0.80 a	5～35	4.50±2.54	2～10
3 绿胚	45.48±16.60 c	6.67±1.43	7.04±1.23 c	4～19	1.50±0.52	3
5 绿胚	82.86±4.04 ab	10.24±4.38	10.08±0.12 b	5～17	1.88±0.64	1～3
7 绿胚	96.43±5.05 a	0	13.49±0.47 a	7～27	—	—
杆形胚	96.43±5.05 a	0	5.12±0.16 c	2～8	—	—

注：不同小写字母表示差异显著（$P < 0.05$）

5.2.1.2　不同增殖方式对水曲柳体细胞胚增殖培养的影响

对水曲柳不同材料进行增殖培养，通过愈伤组织间接增殖的增殖率和体细胞胚胎发生数量/外植体均较高，体细胞胚增殖率比直接增殖高93%，体细胞胚胎发生数量/外植体比直接增殖高106%，但同时畸形次生体细胞胚率也很高，比直接增殖高140%。说明体细胞胚间接增殖比直接增殖的增殖系数大，但畸形次生体细胞胚率也有所增大（表5-4）。综合以上研究结果，适宜作为水曲柳体细胞胚增殖培养的材料为胚性愈伤组织。

表 5-4　不同增殖方式对水曲柳体细胞胚增殖的影响

体细胞胚增殖方式	体细胞胚增殖率/%	体细胞胚发生数量/个	畸形次生体细胞胚率/%
直接增殖	42.98±5.22	2.85±0.31	19.13±8.42
间接增殖	82.99±5.20	5.88±0.17	45.99±2.35

5.2.2　水曲柳体细胞胚增殖培养的继代次数分析

不同继代次数的水曲柳体细胞胚均100%增殖（图5-1g，h），其增殖倍数随继代次数的增加而增加（表5-5）。随着继代次数的增加，次生体细胞胚的同步化主要以球形次生体细胞（图5-1i）为主，心形（图5-1j）、鱼雷形（图5-1k）和子叶形（图5-1l）次生体细胞胚的同步化程度则降低，即体细胞胚发育程度减慢。同时，畸形次生体细胞胚率和褐化次生体细胞胚率也有所升高（表5-6）。

表 5-5　继代次数对水曲柳次生体细胞胚增殖的影响

继代次数	体细胞胚增殖率/%	体细胞胚增殖倍数
4	100.00±0.00	7.04±3.40
6	100.00±0.00	10.90±2.13

表 5-6　继代次数对水曲柳次生体细胞胚发育的影响　（单位：%）

继代次数	球形胚同步化率	心形胚同步化率	鱼雷形胚同步化率	子叶形胚同步化率	畸形胚率	褐化胚率
4	35.59±5.22	25.88±3.33	12.56±1.22	25.77±7.44	14.92±4.22	0.20±0.35
6	50.32±1.25	17.71±4.99	11.92±3.66	19.28±6.45	15.22±2.46	0.82±1.25

5.3　讨　　论

胚性保持能力是指具有胚性的细胞团能持续产生体细胞胚的能力。在诱导出体细胞胚或胚性愈伤组织以后，可通过对其进行继代增殖培养以长期保持胚性细胞的胚胎发生能力，进行种质资源的保存。另外，能够长期获得高效稳定的次生体细胞胚重复发生体系，也为后续的体细胞胚成熟和植株再生等过程奠定良好的基础。因而，科学合理的继代增殖培养则变得尤为重要。

次生体细胞胚指由初生体细胞胚本身直接产生的体细胞胚，初生体细胞胚产生次生体细胞胚的过程称次生体细胞胚胎发生。这种体细胞胚增殖方式称作直接增殖发生，是通过体细胞胚直接发生获得的水曲柳体细胞胚的增殖方式中的一种。次生体细胞胚直接发生受多种因素的影响，体细胞胚发育阶段对次生体细胞胚胎发生的影响也很大。一般认为，越是幼龄的体细胞胚，越容易增殖次生体细胞胚；越是老龄的近成熟或成熟体细胞胚，再生体细胞胚的能力越差。本试验对不同发育阶段的体细胞胚进行直接增殖培养，结果发现未变绿体细胞胚的体细胞胚增殖数量比变绿体细胞胚高，4mm 未变绿体细胞胚的体细胞胚增殖率最高，并且在变绿的体细胞胚中，随着发育程度的增大，体细胞胚增殖率逐渐减小，同样说明了次生体细胞胚胎发生效果受体细胞胚发育程度的影响。贾小明等（2011）发现体细胞胚发育阶段越老，再生与增殖体细胞胚的能力越差，胚性愈伤组织及处于球形期的体细胞胚，再生增殖体细胞胚能力强于其他发育时期的体细胞胚。在本试验不同发育程度的体细胞胚中，杆状畸形体细胞胚的增殖率仅次于 4mm 未变绿体细胞胚，可能是因为该体细胞胚虽然为畸形状态，但其仍然处于体细胞胚未变绿阶段，所以再生体细胞胚的能力依然较强，说明体细胞胚增殖率受体细胞胚畸形影响不大，主要受体细胞胚发育阶段的影响。不同发育阶段的体细胞胚增殖培养时，只有 3mm 变绿体细胞胚的褐化死亡率显著高于其他发育程度的体细胞胚，可能由于体细胞胚发育过程中过早萌发导致体内积累大量的酚类化合物。本试验还说明，体细胞胚越成熟，其次生体细胞胚畸形率越大，可能由于在体细胞胚成熟过程中其细胞内染色体的变异程度逐渐增加。另外体细胞胚的畸形对体细胞胚的次生体细胞胚畸形率影响也很大。来自花药初生异常胚和初生子叶期胚的 0.2～0.3cm 胚块均能成功诱导次生体细胞胚胎发生，并均能获得成熟子叶期胚。华玉伟等（2005）发现来自花药初生异常胚的次生体细胞胚植株的 60.0%发生 DNA 变异；而来自初生子叶期胚的次生体细胞胚植株，随次生体细胞胚胎发生次数增加，检测到 DNA 变异植株频率由 30.0%升高到 52.4%。由于水曲柳体细胞胚在光下单独培养进行增殖，因此其本身也较易萌发。

水曲柳体细胞胚诱导过程中也会出现胚性愈伤组织，因此胚性细胞系也可通过定期继代培养胚性愈伤组织而获得，这种增殖方式称为间接增殖方式。一般认为，间接增殖方式的增殖系数要高于直接增殖方式，更利于建立稳定的体细胞胚继代增殖体系。本研究结果也表明，水曲柳体细胞胚间接增殖比直接增殖的增殖系数大。赵辉等（2007）研究发现，连续继代 4 个月后发现，球形胚、心形胚的增殖能力明显下降，胚性组织有老化趋势，而胚性愈伤组织增殖能力无多大变化，仍新鲜健康，表明胚性愈伤是最适于长期继代增殖保存的材料。

一般认为，初诱导产生的胚性愈伤组织或经过短期培养的胚性愈伤组织较易诱导产生体细胞胚，但随着培养时间的延长和继代次数的增多，体细胞胚胎发生能力会降低（王喆之等，1994）。在枸杞的胚性愈伤组织继代增殖过程中，在第3次继代时体细胞胚增殖能力最大（王兆滨等，2014）。本试验研究发现水曲柳胚性愈伤组织继代6次比继代4次时的体细胞胚增殖系数大。在许多作物中，都有愈伤组织的分化率随继代次数的增加而下降的趋势。但也有经过长期继代培养后，胚性愈伤组织的生长率和分化能力几乎仍保持在原来的水平，体细胞胚仍保持较高的分化率，没有明显降低趋势的报道（杨金玲等，2000）。

在继代增殖培养基上，橡胶树胚性愈伤组织、球形胚、心形胚等按原有形态增殖，也就是继代增殖过程阻碍了体细胞胚的进一步分化，因此通过选取同一生理阶段的胚性组织进行继代，可控制体细胞胚发育过程，促进体细胞胚发育同步进行（王喆之等，1994）。本试验也发现，随着继代次数的增加，次生体细胞胚的同步化主要以球形次生体细胞胚为主，其体细胞胚发育程度减慢。一般认为，随着愈伤组织继代次数的增加，染色体的变异频率提高，愈伤组织出现不同程度的褐化现象。本研究也表明，随着继代次数的增加，水曲柳畸形次生体细胞胚率和褐化次生体细胞胚率均增加。

5.4 本 章 结 论

随着发育程度的加深，未变绿体细胞胚的增殖率呈先增加后减小的趋势；变绿体细胞胚的增殖率逐渐减小。4mm未变绿体细胞胚的增殖率最高（42.98%）。未变绿体细胞胚的体细胞胚增殖数量比变绿体细胞胚高。体细胞胚多通过直接增殖方式进行增殖。通过愈伤组织间接增殖的增殖率和体细胞胚胎发生数量/外植体均比直接增殖的高，但同时畸形次生体细胞胚率也很高。不同继代次数的水曲柳体细胞胚均100%增殖，其增殖倍数随继代次数的增加而增加。随着继代次数的增加，次生体细胞胚的同步化主要以球形次生体细胞胚为主，同时畸形次生体细胞胚率和褐化次生体细胞胚率也有所升高。

次生体细胞胚多数直接增殖在胚轴和胚根上，极少发生在子叶上；且体细胞胚越幼嫩，越易在胚根上发生增殖；越成熟，越易在胚轴上发生增殖。未变绿体细胞胚和杆状畸形体细胞胚均以球形次生体细胞胚同步化为主，变绿体细胞胚以子叶形次生体细胞胚同步化为主。变绿体细胞胚的子叶形次生体细胞胚比未变绿体细胞胚的长。变绿体细胞胚的畸形次生体细胞胚率最高，其次是杆状畸形体细胞胚，而未变绿体细胞胚最小。体细胞胚在光下直接增殖培养时可进一步萌发生根。体细胞胚发育程度越高，其萌发率越大，体细胞胚越长，但生根率有所下降，胚根越短。根据以上研究结果得知，以水曲柳胚性愈伤组织为材料进行6次继代增殖培养得到的体细胞胚增殖效果最佳。

参 考 文 献

华玉伟, 黄关青, 龙青姨, 等. 2009. 橡胶树次生体胚发生及其再生植株遗传稳定性的分子检测. 热带作物学报, 30(5): 644-650.

贾小明, 张焕玲, 张存旭. 2011. 栓皮栎体胚再生与增殖能力的保持研究. 西北农林科技大学学报(自然科学版), 39(10): 81-86+93.

王兆滨, 马义德, 祝英, 等. 2014. 枸杞体细胞胚高频发生体系的建立. 兰州大学学报(自然科学版), 50(1): 95-100.

王喆之, 李克勤, 张大力, 等. 1994. 陆地棉胚性愈伤组织的变异及高频胚胎发生. 植物学报, 36(5): 331-338+407-408.

杨金玲, 桂耀林, 郭仲琛. 2000. 白杆胚性愈伤组织长期继代培养中的分化能力及染色体稳定性研究. 西北植物学报, 20(1): 44-47+158.

赵辉, 崔百明, 彭明, 等. 2007. 巴西橡胶树胚性组织长期继代保存及增殖技术. 热带作物学报, 28(4): 39-43.

6 水曲柳体细胞胚萌发材料的筛选和植株再生能力分析

体细胞胚的萌发与植株转化是体细胞胚胎发生技术中重要的环节，许多植物体细胞胚的萌发率低、生根难一直是亟待解决的问题。已经通过水曲柳的成熟合子胚体细胞胚胎发生，获得了高频植株再生体系。但是随着水曲柳体细胞胚继代培养，是否依然能保持其高频的植株再生体系并不知道。本章对适宜进行水曲柳体细胞胚萌发培养的材料进行筛选，然后研究继代次数对水曲柳体细胞胚萌发和生根培养的影响，分析水曲柳体细胞胚继代过程中的植株再生能力，为水曲柳的种质资源保存和建立快速繁殖系统提供保障。

6.1 材料与方法

6.1.1 试验材料

以水曲柳成熟合子胚经诱导和增殖培养产生的体细胞胚为试验材料。

6.1.2 试验方法

6.1.2.1 水曲柳体细胞胚的诱导和增殖

培养方法同 5.1.2.1。

6.1.2.2 水曲柳体细胞胚萌发培养的材料筛选

将经过增殖培养 1 年以上获得的子叶形体细胞胚分为 6 个级别（即 6 个处理），将其转接到装有萌发培养基的直径为 2.1cm 的小试管中进行萌发培养。

6 个处理设置：2.5～4mm 未变绿体细胞胚（2.5～4 未绿胚）、4～6mm 未变绿体细胞胚（4～6 未绿胚）、6～8mm 未变绿体细胞胚（6～8 未绿胚）、2.5～8mm 变绿体细胞胚（2.5～8 绿胚）、8～12mm 变绿体细胞胚（8～12 绿胚）、12～16mm 变绿体细胞胚（12～16 绿胚）（图 6-1a）。每个处理接 30 个体细胞胚，试验重复 2 次。

图 6-1　水曲柳体细胞胚萌发培养和再生植株驯化（彩图请扫封底二维码）

a. 体细胞胚萌发材料；b. 萌发培养 2 天的体细胞胚；c. 萌发培养 10 天的体细胞胚；d. 萌发培养 20 天的体细胞胚；e. 萌发培养 30 天的未生根体细胞胚；f. 萌发培养 30 天的生根体细胞胚；g. 生根培养 30 天的再生植株；h. 移栽前驯化的体细胞胚苗；i. 移栽 60 天后的体细胞胚苗

6.1.2.3　水曲柳体细胞胚萌发培养的继代次数分析

胚性培养物每次经过继代增殖培养 30 天后，挑选 4～8mm 未变绿体细胞胚并将其转接到装有萌发培养基的小试管中进行萌发培养。每个处理接 30 个体细胞胚，试验重复 3 次。

6.1.2.4　水曲柳体细胞胚生根培养的继代次数分析

经过诱导培养 2 个月后，再在增殖培养基上培养不同月份（期间每 30 天继代 1 次）后获得的 15mm 体细胞胚，将其转接到装有生根培养基的直径为 3.4cm 的大试管中进行生根培养。每个试管 1 个体细胞胚，每个处理接 30 个试管，试验重复 3 次。

6.1.2.5　植株的移栽成苗

将已经生根且发育良好的体细胞胚苗移栽到装有基质 [草炭土∶蛭石∶珍珠岩=5∶3∶2（V/V/V）] 的塑料钵里。基质经高压蒸汽灭菌后拌上 MS 液体营养液，移栽时将根部带有的培养基洗掉。移栽后立即用保鲜膜覆盖，每天浇水以保证空气湿度。培养 15 天以后逐渐撤掉保鲜膜以适应室内空气。移栽驯化期间每天浇水进行水分管理。

6.1.2.6 培养条件

诱导培养阶段于无光条件下进行，增殖、萌发、生根和移栽成苗阶段于光下进行，光照强度 40μmol/(m²·s)，温度 23～25℃，相对湿度 60%～70%。

6.1.3 数据观察与统计分析

萌发或生根培养 30 天中，每 10 天观察记录 1 次体细胞胚萌发或生根情况。采用 Excel 2003 软件进行数据处理，并用 SPSS 17.0 软件进行方差分析和多重比较。

6.2 结果与分析

6.2.1 水曲柳体细胞胚萌发培养的材料筛选

不同发育状态的体细胞胚对水曲柳体细胞胚萌发培养 10 天时和 20 天时的体细胞胚萌发率均有显著影响（$P<0.05$），而对培养 30 天时的体细胞胚萌发率有极显著影响（$P<0.01$）。第 10 天和第 20 天时未变绿体细胞胚的萌发率随着体细胞胚发育程度增高而升高（图 6-2）。第 10 天时，6～8mm 未变绿体细胞胚的萌发率最高，显著高于其他处理，而 4～6mm 未变绿体细胞胚的萌发率仅次于 6～8mm 未变绿体细胞胚和 2.5～8mm 变绿体细胞胚；第 20 天时，6～8mm 未变绿体细胞胚的萌发率最高。但随着培养时间的增加，至第 30 天时，体细胞胚萌发率均不同程度地减小，其中变绿体细胞胚减小程度较严重，未变绿体细胞胚的萌发率均显著高于变绿体细胞胚。说明未变绿体细胞胚的萌发率要大于变绿体细胞胚，并且未

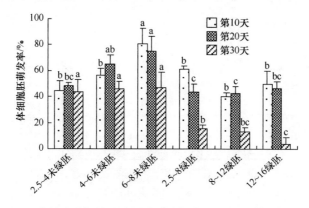

图 6-2 不同状态的水曲柳体细胞胚对萌发培养过程中体细胞胚萌发率的影响

不同小写字母表示差异显著（$P<0.05$）

变绿体细胞胚中随着体细胞胚发育成熟度越高，其萌发率越大，但是随着培养时间的延长，由于体细胞胚胎发生褐化死亡导致第 30 天时体细胞胚萌发率减小（图 6-2）。体细胞胚发育程度不同，萌发过程中的生根率也有所不同。第 10 天时，6～8mm 未变绿体细胞胚的生根率最高；第 20 天时，8～12mm 变绿体细胞胚生根率最高，6～8mm 未变绿体细胞胚次之；第 30 天时，2.5～4mm 未变绿体细胞胚生根率最高，6～8mm 未变绿体细胞胚次之。说明未变绿体细胞胚的生根率比变绿体细胞胚大（图 6-3）。不同发育程度的体细胞胚对体细胞胚萌发培养不同时间时体细胞胚褐化死亡率的影响均有极显著差异（P<0.01）。未变绿体细胞胚和变绿体细胞胚中，随着发育程度的增高，其体细胞胚褐化死亡率逐渐升高，并且变绿体细胞胚比未变绿体细胞胚的褐化死亡率高（图 6-4）。随着培养时间的延长，体细胞胚褐化死亡率也均呈现升高的趋势（图 6-4）。综合以上研究结果，认为适用进行水曲柳体细胞胚萌发试验的最佳体细胞胚发育阶段为 4～8mm 未变绿体细胞胚。

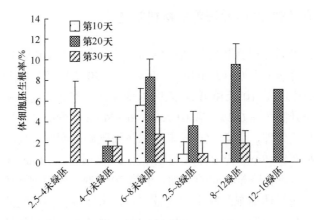

图 6-3 不同状态的水曲柳体细胞胚对萌发培养过程中体细胞胚生根率的影响

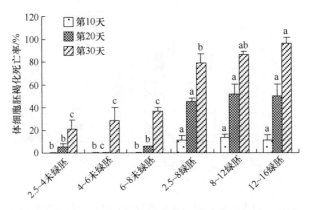

图 6-4 不同状态的水曲柳体细胞胚对萌发培养过程中体细胞胚褐化死亡率的影响

不同小写字母表示差异显著（P<0.05）

6.2.2　水曲柳体细胞胚萌发培养的继代次数分析

在水曲柳体细胞胚继代增殖的过程中，出现一些已经成熟但还没有萌发的体细胞胚，在继代的时候可以直接挑选出来进行萌发培养。体细胞胚进行萌发培养的第 2 天时开始变绿（图 6-1b）。研究结果显示，不同继代次数的体细胞胚萌发培养 10 天（图 6-1c）时的萌发率均在 90% 以上（图 6-5）。但随着培养时间的延长，体细胞胚萌发率均有不同程度的下降，只有继代 1 次的体细胞胚在培养第 30 天时才有大幅度的减小，其他继代次数的体细胞胚均在培养第 20 天时便有大幅度的减小（图 6-5）。对体细胞胚萌发率和体细胞胚褐化死亡率做相关性分析结果表明，继代 1 次、6 次和 7 次的体细胞胚萌发率和体细胞胚褐化死亡率呈极显著负相关（$P<0.01$），继代 3 次、4 次和 5 次的次体细胞胚萌发率和体细胞胚褐化死亡率呈显著负相关（$P<0.05$）。说明不同继代次数的体细胞胚萌发率随培养时间的延长而下降，主要是由体细胞胚胎发生褐化死亡导致的。在第 20 天（图 6-1d）和第 30 天（图 6-1e）时，继代次数对体细胞胚萌发率的影响均有极显著差异（$P<0.01$），随着继代次数的增加，体细胞胚萌发率大体呈下降趋势，其中继代 1 次的体细胞胚萌发率均显著高于其他继代次数的体细胞胚。说明随着培养时间和继代次数的增加，体细胞胚萌发率呈现下降的趋势（图 6-5）。

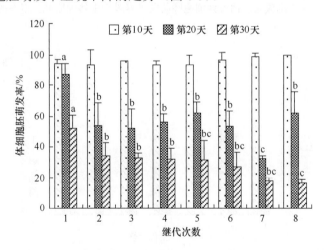

图 6-5　继代次数对水曲柳体细胞胚萌发培养过程中体细胞胚萌发率的影响

不同小写字母表示差异显著（$P<0.05$）

继代次数不同，体细胞胚生根率有所不同（图 6-6）。继代 1 次以后的体细胞胚生根率最高，其次是继代 8 次的体细胞胚（图 6-6）。体细胞胚萌发过程中，出现不同程度的褐化死亡。第 20 天时，继代次数对体细胞胚褐化死亡率的影响极显著（$P<0.01$）；第 30 天时影响显著（$P<0.05$）。随着继代次数的增加，体细胞胚褐

化死亡率逐渐升高，除了继代 1 次的体细胞胚在培养第 30 天时才大幅度增加外，其他继代次数的体细胞胚都是在继代第 20 天时就开始有大幅度增加，说明继代 1 次的体细胞胚褐化死亡率较后期继代的体细胞胚缓慢。第 20 天时，继代 7 次时的体细胞胚褐化死亡率显著高于其他继代次数；第 30 天时，也是继代 7 次时的体细胞胚褐化死亡率最高，但是只显著高于继代 1 次和继代 5 次。说明随着培养时间和继代次数的增加，体细胞胚褐化死亡率也有不同程度的增加（图 6-7）。

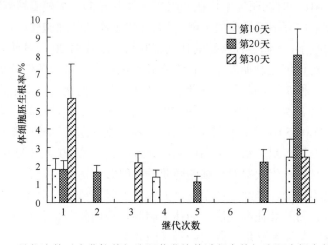

图 6-6　继代次数对水曲柳体细胞胚萌发培养过程中体细胞胚生根率的影响

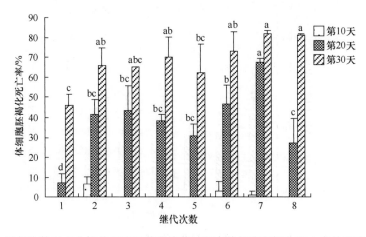

图 6-7　继代次数对水曲柳体细胞胚萌发培养过程中体细胞胚褐化死亡率的影响
不同小写字母表示差异显著（$P<0.05$）

6.2.3　水曲柳体细胞胚生根培养的继代次数分析

在水曲柳体细胞胚继代增殖的过程中，出现了一些已经萌发但还没有生根的体细胞胚，继代的时候可以挑选出来直接进行生根培养。本研究发现，随着继代次数的增加，水曲柳体细胞胚直接进行生根培养的生根率呈先升高后降低再升高再降低的趋势。生根培养 10 天时，继代 4 次后的体细胞胚生根率最高，继代 3 次后的体细胞胚生根率最低；培养 20 天时，继代 4 次后的体细胞胚生根率最高；培养 30 天时，继代 4 次后的体细胞胚生根率最高，继代 8 次后的生根率最低（图 6-8）。

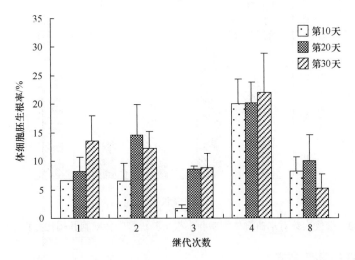

图 6-8　继代次数对水曲柳体细胞胚生根培养过程中体细胞胚生根率的影响

随着继代次数的增加，其体细胞胚植株再生率也不同（图 6-9）。生根培养 10 天时继代次数对体细胞胚植株再生率影响显著（$P<0.05$），继代 4 次后的体细胞胚植株再生率最高。培养 20 天和 30 天时，继代 1 次后体细胞胚植株再生率最高（图 6-9）。

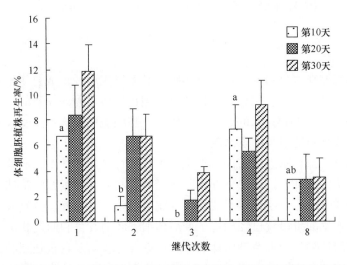

图 6-9　继代次数对水曲柳体细胞胚生根培养过程中体细胞胚植株再生率的影响
不同小写字母表示差异显著（$P<0.05$）

继代不同次数的体细胞胚在生根培养过程中出现不同程度的褐化死亡现象，其中培养不同时间内，继代 2 次和继代 8 次的体细胞胚褐化死亡率较高。随着生根培养时间的延长，体细胞胚褐化死亡率也逐渐增加（图 6-10）。

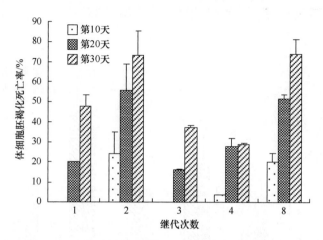

图 6-10　继代次数对水曲柳体细胞胚生根培养过程中体细胞胚褐化死亡率的影响

6.2.4　植株的移栽成苗

体细胞胚苗移栽前，先在驯化室驯化 3 天（图 6-1h）。体细胞胚苗移栽到装有基质［草炭土∶蛭石∶珍珠岩=5∶3∶2（*V/V/V*）］的塑料钵中后覆膜，每天浇水保持培养湿度，移栽 15 天后成活率 100%，体细胞胚苗生长良好，叶片伸展，有新的羽状复叶长出，平均苗高 3.75cm。移栽 30 天撤膜完全后，平均苗高 6.29cm。移栽 60 天完全适应外部空气环境以后成活率为 90.9%，平均苗高 9.26cm（图 6-1i）。

6.3　讨　　论

植物体细胞在离体培养中，通过体细胞胚胎发生途径形成再生植株已是极其普遍的现象，并认为该发生途径是植物体细胞在离体培养条件下的一个基本发育途径（Yang et al.，2013；Yeung et al.，1998）。体细胞胚植株再生受体细胞胚的发育状态和继代次数等多种因素影响。

一般充分成熟、形态正常的体细胞胚可以进行良好的体细胞胚萌发和植株转化过程。大量实践证明，成熟体细胞胚已经具有与合子胚类似的植株形态建成所需的所有物质基础，只要提供必要的条件就可以萌发。另外，也有人认为早在体细胞胚开始产生的阶段就已经确定了今后体细胞胚的发育和萌发状况，即在前期诱导阶段使用植物生长调节剂对体细胞胚后期发育和萌发具有强烈的影响作用，因此可能导致体细胞胚萌发状况不佳。赖钟雄等（1998）认为龙眼体细胞胚萌发受体细胞胚成熟度和胚状体的形态影响，体细胞胚成熟不够，不能正常萌发，往往仅形成根；体细胞胚完全成熟，萌发正常；体细胞胚成熟时间过长，可能因为早已分化完成的根原基受损害，从而抑制根的生长；另外还观察到胚状体大于0.5cm 的，形态正常，其大小不影响萌发率，只是胚状体小者，苗较弱。本研究发现，未变绿体细胞胚中随着体细胞胚发育成熟度越高，其萌发率越大，说明体细胞胚越成熟，越容易萌发；另外还发现，变绿体细胞胚的萌发率和生根率均小于未变绿体细胞胚，可能因为体细胞胚过于成熟，但未及时进行萌发或生根培养，使体细胞胚萌发生根受到抑制或褐化死亡。

一般认为，随着继代次数的增加，体细胞胚再生植株的能力会下降或者消失。在棉花（薛美凤等，2002）和粕稻（高振宇和黄大年，1999）胚性愈伤组织培养过程中均发现随着继代次数的增加和培养时间的延长，再生能力逐渐下降。本试验发现，随着继代次数的增加，水曲柳体细胞胚直接进行萌发培养的萌发率呈下降的趋势，而直接进行生根培养的生根率呈先升高后降低的趋势。

本研究发现，不同发育状态的成熟体细胞胚和不同继代次数的成熟体细胞胚均随着萌发培养时间的延长，其体细胞胚萌发率逐渐降低而褐化死亡率逐渐升高，而两者基本呈显著负相关，体细胞胚褐化死亡是导致体细胞胚萌发率下降的主要因素。体细胞胚胎发生褐化死亡的原因可能是体细胞胚长时间在低糖条件下培养致使培养后期营养不足，导致体细胞胚容易褐化。

6.4　本章结论

在不同发育状态的体细胞胚中变绿子叶形体细胞胚的萌发率和生根率均小于未变绿体细胞胚，未变绿体细胞胚成熟度越高，其萌发率越大。但是当培养时间延长至第 30 天时体细胞胚萌发率减小。随着体细胞胚发育程度增加，其体细胞胚褐化死亡率逐渐升高，并且变绿体细胞胚比未变绿体细胞胚的褐化死亡率高。随着培养时间的延长，体细胞胚褐化死亡率也均呈现升高的状态。

水曲柳体细胞胚在萌发培养基中培养，随着培养时间和增殖继代次数的增加，体细胞胚萌发率呈现下降的趋势，且褐化死亡率有不同程度的增加。水曲柳胚性愈伤组织增殖继代 1 次以后，直接挑选 4~8mm 未变绿子叶形体细胞胚进行萌发培养得到的萌发效果最佳。

水曲柳体细胞胚在生根培养基中培养，随着继代次数的增加，体细胞胚生根率呈现先升高后降低的趋势。随着生根培养时间的延长，体细胞胚褐化死亡率也逐渐增加。水曲柳胚性愈伤组织增殖继代 4 次以后，直接挑选 15mm 子叶形体细胞胚进行生根培养得到的生根效果最佳。

参 考 文 献

高振宇, 黄大年. 1999. 影响籼稻幼胚愈伤组织形成和植株再生的若干因素(简报). 植物生理学通讯, 35(2): 113-115.

赖钟雄, 潘良镇, 陈振光. 1998. 龙眼体细胞胚胎的高频率萌发与植株再生. 福建农业大学学报, 27(1): 32-37.

薛美凤, 郭余龙, 李名扬, 等. 2002. 长期继代对棉花胚性愈伤组织体胚发生能力及再生植株变异的影响. 西南农业学报, 15(4): 19-21.

Yang L, Bian L, Shen H L, et al. 2013. Somatic embryogenesis and plantlet regeneration from mature zygotic embryos of Manchurian ash (*Fraxinus mandshurica* Rupr.). Plant Cell, Tissue and Organ Culture, 115(2): 115-125.

Yeung E C, Stasolla C, Kong L. 1998. Apical meristem formation during zygotic embryo development of white spruce. Canadian Journal of Botany, 76(5): 751-761.

7 水曲柳体细胞胚胎发生中的形态学和细胞生物学观察

本章对水曲柳体细胞胚胎发生的各个阶段进行组织学分析，通过制作石蜡切片对体细胞胚胎发生的不同阶段进行观察，对不同培养时期外植体的组织切片进行 TUNEL 细胞凋亡原位检测和 DAPI 染色，以揭示水曲柳体细胞胚胎发生过程中外植体细胞的形态学和细胞生物学特征。

7.1 材料与方法

7.1.1 试验材料

从体细胞胚诱导的第 1 天开始，连续取材，每天一次，至培养第 40 天，每时期分别取 3 个代表性培养物。

7.1.2 试验方法

7.1.2.1 石蜡切片制作

取材后用 FAA 固定液 [甲醛：乙酸：50%乙醇=5：5：90（$V/V/V$）] 固定 24h 后，用 50%乙醇洗 1～1.5h 以除去固定液；用爱氏苏木精整体染法染色，经过镜检确定染色完成，然后在流水中进行蓝化；蓝化完成后进行 30%乙醇 4h、50%乙醇 4h、70%乙醇 4h、85%乙醇 4h、95%乙醇 3.5h、无水乙醇Ⅰ1.5h、无水乙醇Ⅱ2h 的逐级脱水；1/2 二甲苯+1/2 无水乙醇 4h、纯二甲苯Ⅰ4h、纯二甲苯Ⅱ4h 透明；浸蜡、包埋等步骤。包埋完成后进行常规石蜡切片，切片厚度为 5μm，再进行粘片、展片、烘片。纯二甲苯Ⅰ、纯二甲苯Ⅱ、纯二甲苯Ⅲ各 30min 进行脱蜡，用中性加拿大树胶封片。制作完成后于 45℃温箱干燥 3 天，最后在光学显微镜下观察并拍照。

7.1.2.2 TUNEL 细胞凋亡原位检测

取材后用 FAA 固定液固定 24h 以上，之后用 50%乙醇洗 1～1.5h 以除去固定液；70%乙醇、85%乙醇、95%乙醇、无水乙醇Ⅰ、无水乙醇Ⅱ逐级脱水 2h；之后经过透明、浸蜡、包埋等步骤。包埋完成后进行常规石蜡切片，切片厚度为 5μm，再进行粘片、展片、烘片；之后进行 TUNEL 细胞凋亡原位检测和 DAPI 染色。

1. TUNEL 检测原理

TUNEL［terminal deoxynucleotidyl transferase（TdT）-mediated dUTP nick end labeling，脱氧核糖核苷酸末端转移酶介导的缺口末端标记法］是通过检测细胞凋亡早期过程中细胞核 DNA 的断裂情况来评价细胞凋亡的有效方法。其原理是荧光素（fluorescein，FITC）标记的 dUTP 在脱氧核糖核苷酸末端转移酶（TdT enzyme）的作用下，可以连接到凋亡细胞中断裂的 DNA 的 3′-OH 端，可用荧光显微镜检测。由于正常的或正在增殖的细胞几乎没有 DNA 的断裂，因而没有 3′-OH 形成，很少能够被标记或染色。适用于组织样本（石蜡切片）的凋亡原位检测。

细胞凋亡中染色体 DNA 的断裂是个渐进的分阶段的过程，染色体 DNA 首先在内源性的核酸水解酶的作用下降解为 50～300kb 的大片段。然后大约 30%的染色体 DNA 在 Ca^{2+} 和 Mg^{2+} 依赖的核酸内切酶作用下，在核小体单位之间被随机切断，形成 180～200bp 核小体式 DNA 片段（核小体式剪切）。由于 DNA 双链断裂或只要一条链上出现缺口即可产生一系列 DNA 的 3′-OH 端。

2. 检测方法

参照凯基 TUNEL 细胞凋亡检测试剂盒（FITC 标记 POD 法）方法，操作步骤如下：

（1）前处理：将做好的石蜡切片在 60℃的纯二甲苯Ⅰ、纯二甲苯Ⅱ、纯二甲苯Ⅲ脱蜡各 3 次，每次 30min，使脱蜡充分；分别经 100%、95%、80%、75%梯度乙醇，从高浓度到底浓度浸洗水合各 1 次，每次 3min，以便后面的结合反应充分、均匀；切片浸入 1×PBS 漂洗 3 次，每次 5min。

（2）促渗：配制 1% Triton X-100 通透液，99ml 的 1×PBS 加入 1.0ml Triton X-100，混匀，即用即配；切片（用滤纸小心吸去样本区域周围的多余液体，无明显水珠，湿而不干）浸入通透液中，室温促渗 3～5min；切片浸入 1×PBS 漂洗 3 次，每次 5min。

（3）封闭：配制 3% H_2O_2 封闭液，80ml 甲醇加入 10ml 蒸馏水和 10ml 30% H_2O_2，即用即配；切片（用滤纸小心吸去样本区域周围的多余液体，无明显水珠，湿而不干）浸入封闭液中，室温封闭 10min；切片浸入 1×PBS 漂洗 3 次，每次 5min。

（4）通透：配制 Proteinase K 工作液，计算好样本数量集中配制，每个样本按 98μl 1×PBS 加入 2μl 50×Proteinase K 的比例配制，即用即配；用滤纸小心吸去样本区域周围的多余液体，无明显水珠，湿而不干，在每个样本上滴加 100μl Proteinase K 工作液，37℃反应 8min（长时间处理易脱片，且会造成组织破损）；切片浸入 1×PBS 漂洗 3 次，每次 5min。

（5）制阳性片：配制 100μl 含 3000U 的 DNase I 反应液，60μl DNase I（50U/μl）加 40μl buffer；在一张样本切片（用滤纸小心吸去样本区域周围的多余液体，无明显水珠，湿而不干）上滴加 100μl 上述配制好的 DNase I 反应液，37℃处理 10～30min；制好的阳性片浸入 1×PBS 漂洗 3 次，每次 5min。

（6）荧光标记与观察：配制 TdT 酶反应液，计算好样本数量集中配制（阴性对照片不计入），每个样本用量为 45μl Equilibration buffer 加入 1.0μl FITC-12-dUTP 和 4.0μl TdT enzyme，即用即配，注意避光；样本周围用纸吸干，每个样本上滴加 50μl TdT 酶反应液，加盖玻片放入湿盒中，37℃避光反应 60min（为防止蒸发和保证 TUNEL 反应混合物均匀分布）（注：阴性对照样本不加 TdT 酶反应液）；反应后的样本浸入 1×PBS 漂洗 3 次，每次 5min，注意避光；荧光显微镜观测，激发波长 450～500nm，发射波长 515～565nm。

7.1.2.3　DAPI 染色

1. DAPI 染色原理

DAPI（4,6-diamidino-2-phenylinole，4,6-二氨基-2-苯基吲哚）是一种 DNA 特异性染料，与 DNA 产生非嵌入式结合，发出蓝色荧光。该染料对细胞膜有半透性，可透过正常细胞产生较弱的蓝色荧光（细胞固定后荧光增强），而凋亡细胞的膜通透性增加，对其摄取能力增强，产生很强的蓝色荧光。并且正常细胞的核形态呈圆形，边缘清晰，染色均匀，而凋亡细胞的细胞核边缘不规则，细胞核染色体浓集，着色较重，并伴有细胞核固缩，核小体碎片增加，因此从荧光强度及核形态均可鉴别出细胞发生凋亡的典型特征。

2. 操作方法

（1）将 DAPI 染液用甲醇稀释 10 倍，制备成 1～2μg/ml 的 DAPI 工作液（4℃避光保存）。

（2）石蜡切片前处理参照 TUNEL 细胞凋亡原位检测中的步骤进行。

（3）在样本片上滴加 500μl 的 DAPI 工作液，37℃染色 10min。

（4）滴加 buffer 于样片上，盖上盖玻片。

（5）荧光显微镜以 340nm/380nm 紫外光激发，100×油镜观察并拍照。

7.2　结果与分析

7.2.1　水曲柳体细胞胚胎发生的形态学观察和组织学分析

试验中观察到了体细胞胚的起源和发育。由成熟合子胚子叶部分诱导出的体细胞胚，直接起源于表皮细胞。横切观察到，培养 2 天后的子叶表皮细胞排列紧密，均匀有致（图 7-1a）；培养的第 8 天观察到子叶表皮细胞已经发生明显的质壁分离现象，且细胞质密集（图 7-1b）；从培养第 10 天的子叶切片上明显观察到并证实体细胞胚是从表皮细胞的单细胞起源发展而成的（图 7-1c～h）；起源于表皮细胞的胚性细胞，细胞核大而居中，细胞质浓厚（图 7-1c）；在后续的观察中发现，体细胞胚的发生过程与合子胚的发生过程类似，胚性细胞分裂，经过二细胞（图 7-1d）、三细胞（图 7-1e）阶段，再继续经过多次分裂形成原胚（图 7-1f～h），再经过球形胚（图 7-1i, j）、心形胚阶段（图 7-1k, l）、鱼雷形胚阶段（图 7-1m, n），发育成为早期的子叶形胚（图 7-1o, p）；成熟的子叶形体细胞胚具有明显的 "Y"字形维管组织，且已经分化出子叶、胚轴、胚根（图 7-1o, p）；在球形胚、

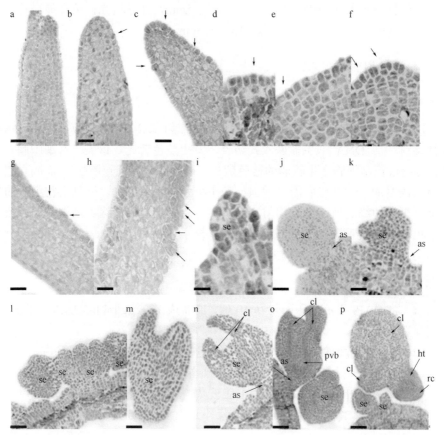

图 7-1　水曲柳成熟合子胚体细胞胚胎发生的组织学观察（彩图请扫封底二维码）

a～h. 水曲柳成熟合子胚子叶的横切面观察，分别为培养 2 天（a. 表皮细胞排列紧密、均匀），8 天（b. 子叶表皮细胞发生明显质壁分离），10 天（c. 胚性细胞），12 天（d. 二细胞时期），13 天（e. 三细胞时期），14 天（f. 原胚），15 天（g. 原胚），20 天（h. 原胚）；i～p. 分别为早期球形胚（i. 培养 22 天），球形胚（j. 培养 23 天），早期心形胚（k. 培养 24 天），心形胚（l. 培养 25 天），早期鱼雷形胚（m. 培养 27 天），鱼雷形胚（n. 培养 30 天），子叶形胚（o, p. 培养 38 天）；其中，se 表示体细胞胚，as 表示附属结构，pvb 表示初生维管束，cl 表示子叶，ht 表示胚轴，rc 表示胚根。比例尺：a～h. 10μm；i～m. 50μm；j～l, n～p. 125μm

心形胚、鱼雷形胚及早期子叶形胚阶段，存在类似胚柄的结构（图 7-1i；j；k，l；m，n；o），之后退化消失（图 7-1p）；已经形成的体细胞胚与周围细胞有明显界限，且很容易与周围组织分离（图 7-1m，p）。

7.2.2 TUNEL 细胞凋亡原位检测结果

核膜解体、DNA 断裂是细胞发生 PCD 的重要证据。本研究通过 TUNEL 原位检测来判断 DNA 断裂与否。通过脱氧核糖核酸转移酶介导的 3′-OH 端标记（TUNEL）分析，带有荧光标记的 dUTP 原位标记在断裂的缺口末端，在荧光显微镜下，黑背景下的绿色荧光信号，即表示细胞 DNA 发生了片段化。

在体细胞胚诱导初期，仅观察到极少量的微弱绿色荧光（图 7-2a），说明仅有极少量的染色体 DNA 发生断裂；3～5 天时产生绿色荧光的细胞数目增多

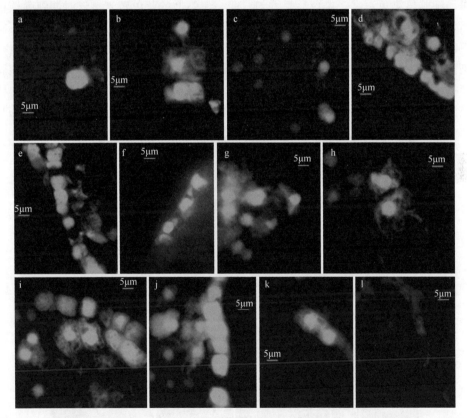

图 7-2 水曲柳体细胞胚胎发生过程中外植体细胞 TUNEL 检测结果（彩图请扫封底二维码）
a. 培养 1 天的外植体，仅观察到个别细胞具有绿色荧光；b. 培养 3 天的外植体，具有绿色荧光的细胞数目增多；c. 培养 5 天的外植体，绿色荧光出现在较大的细胞区域；d～j. 培养 7～19 天的外植体，从第 7 天开始，绿色荧光增强，较大的细胞区域均具有绿色荧光，部分细胞的染色质成块状或散点状分布（d. 培养 7 天的外植体，e. 培养 9 天的外植体，f. 培养 11 天的外植体，g. 培养 13 天的外植体，h. 培养 15 天的外植体，i. 培养 17 天的外植体，j. 培养 19 天的外植体）；k. 阳性对照；l. 阴性对照

（图 7-2b）；5 天时细胞产生绿色荧光开始增强（图 7-2c），以后的培养过程中绿色荧光出现在大多数细胞区域，细胞核染色质为凝聚结构，染色体 DNA 变成不规则状开裂，呈块状或散裂状分布，核膜破裂（图 7-2d~l）。说明在水曲柳体细胞胚胎发生过程中，外植体细胞发生了 PCD。

7.2.3　DAPI 染色结果分析

为了明确在水曲柳体细胞胚胎发生初期，细胞是否发生了主动性死亡，对体细胞胚培养初期的细胞进行了细胞核的 DAPI 荧光染色，并用荧光显微镜观察该过程中细胞核的形态变化。观察结果显示，在水曲柳体细胞胚胎发生过程中外植体细胞发生了由细胞核发起的主动性死亡——凋亡。培养第 1 天的外植体表皮细胞的细胞核呈较规则的圆形，轮廓清晰，细胞壁（膜）和核膜完整，边缘清晰可辨，细胞核染色正常，染色后呈均匀、明亮、弥散的蓝色荧光，该时期细胞核仍然保持完整（图 7-3a，b）。培养 3 天和 5 天后的外植体，大部分细胞的细胞核形态正常，少数细胞的细胞核形态发生了一些变化，细胞核边缘呈轻微褶皱状或波纹状，染色质中出现不规则的点状或块状聚集（图 7-3c，d），凋亡细胞的染色质向核膜聚拢，边缘化（图 7-3e，f）。7~9 天时，大多数细胞的细胞核中的染色质均向核膜聚拢，边缘化，形成紧贴核膜的环状结构，且周围细胞出现空腔（图 7-3g~i），

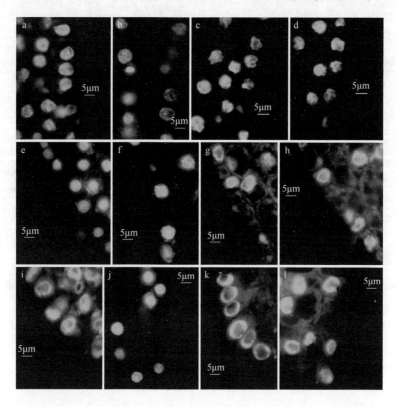

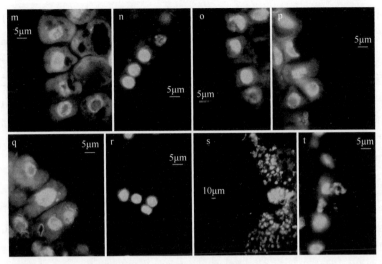

图 7-3　水曲柳体细胞胚胎发生过程中外植体细胞 DAPI 检测结果（彩图请扫封底二维码）

a，b. 培养 1 天的外植体，a. 表皮细胞的细胞核呈较规则圆形，细胞壁（膜）和核膜完整，b. 染色质分布均匀；c，d. 培养 3 天的外植体，凋亡细胞的细胞核边缘呈轻微褶皱状或波纹状，染色质中出现不规则的点状或块状聚集；e，f. 培养 5 天的外植体，凋亡细胞的染色质向核膜聚拢，边缘化；g，h. 培养 7 天的外植体，凋亡细胞的染色质形成紧贴核膜的环状结构，周围细胞出现空腔；i，j. 培养 9 天的外植体，i. 凋亡细胞的细胞核皱缩，染色质凝集，周围出现空腔的细胞增多，j. 部分细胞细胞核变大，具有完整的圆形细胞核，成为胚性细胞；k，l. 培养 11 天的外植体，凋亡细胞的染色质凝集加剧，固缩结块呈絮状，并靠近核膜，细胞核呈现新月形，块状或碎裂状改变；m，n. 培养 13 天的外植体，凋亡细胞的高度凝集的染色质团块被分割成膜包被的凋亡小体；o，p. 培养 15 天的外植体，凋亡细胞的细胞膜和核膜完整性已被破坏，凋亡小体被排出细胞核，核膜解体，见不到完整的细胞核，细胞核形状模糊，细胞中可观察到荧光较强的球状颗粒；q，r. 培养 17 天的外植体，胚性细胞表达胚性，q. 胚性细胞平周分裂成为二细胞时期，r. 胚性细胞发育至四细胞时期；s，t. 培养 19 天的外植体，早期球形胚出现，其周围存在大量细胞凋亡后产生的空腔，s. 早期球形胚，t. 凋亡小体被排出细胞核外，核膜解体

胚性细胞出现（图 7-3j）。第 11～13 天时，绝大部分细胞已观察不到完整的圆形细胞核，凋亡细胞的染色质凝集加剧，固缩结块呈絮状，并靠近核膜，细胞核呈现新月形，块状或碎裂状改变（图 7-3k，l），凋亡细胞的高度凝集的染色质团块被分割成膜包被的凋亡小体（图 7-3m，n）。到第 15 天时，凋亡细胞的细胞膜和核膜完整性已被破坏，凋亡小体被排出细胞核，核膜解体，见不到完整的细胞核，细胞核形状模糊，细胞中可观察到荧光较强的球状颗粒（图 7-3o，p）。第 17 天时，胚性细胞表达胚性，平周分裂成为二细胞时期，发育至四细胞时期（图 7-3q，r）。第 19 天时观察到早期球形胚出现，其周围存在大量细胞凋亡后产生的空腔（图 7-3s，t）。

7.3　讨　论

形态学和组织学观察表明，体细胞胚胎发生过程类似于合子胚发生过程（Yang et al.，2012；Kong et al.，2012；Subotić et al.，2010；Troch et al.，2009；Pinto et al.，2008；You et al.，2006）。水曲柳体细胞胚胎发生的组织学研究表明成熟合子胚子叶诱导的体细胞胚起源于单个的表皮细胞，且体细胞胚也经历了包括球形胚、心形胚、鱼雷形胚和子叶形胚几个阶段的形态发生过程。水曲柳未成熟子叶诱导的体细胞胚胎发生过程的组织学观察也得到相同结论（Kong et al.，2012）。体细胞胚的单细胞起源在多种植物中也都有观察到（Chen and Hong，2012；Kurczyjska et al.，2007；You et al.，2006；孔冬梅等，2006）。此外，体细胞胚在子叶表面形成，与外植体周围细胞并没有胞间连丝相连，与邻近细胞隔离开并处于相对独立的状态，此结果也与其他植物的组织学研究结果一致（Maruyama and Hosoi，2012；Yang et al.，2012）。

细胞程序性死亡（PCD）是一个活跃的细胞死亡过程，它选择性地消除不必要的细胞，这一现象在植物界和动物界都存在（杨玲和沈海龙，2011；Jones and Dangl，1996；Ellis et al.，1991）。凋亡通常指形态学的变化过程，包括细胞核皱缩、核片段化、细胞收缩、DNA 断裂、细胞膜破裂出芽形成凋亡小体，被巨噬细胞吞噬（Petrussa et al.，2009；Jones and Dangl，1996；Obara et al.，2001）。在挪威云杉体细胞胚胎发生中已经证明，在早期体细胞胚胎发生过程中存在两个 PCD 高峰期，分别是胚性细胞增殖到体细胞胚胎发生阶段和早期体细胞胚胎发生过程中胚柄的消失阶段（Filonova et al.，2000）。在欧洲冷杉的体细胞胚胎发生过程中，也证明了这两个 PCD 事件的存在（Petrussa et al.，2009）。

而水曲柳早期体细胞胚形成中存在胚柄结构，但在后期的体细胞胚发育过程中胚柄结构消失，推测该过程应该也有 PCD 高峰的发生。而本试验通过对水曲柳早期体细胞胚胎发生过程的石蜡切片观察、TUNEL 细胞凋亡原位检测和 DAPI 荧光染色结果分析显示：在胚性细胞出现（培养第 10 天出现胚性细胞）之前（培养第 7 天开始）细胞核内 DNA 即发生了大规模的 PCD，细胞核中染色质凝聚并边缘化，培养第 13 天凋亡小体出现，细胞解体。至培养的第 19 天，早期球形胚出现，其周围存在大量细胞凋亡后形成的细胞空腔。该过程与挪威云杉 PCD 高峰的第一阶段类似，第二阶段是否存在仍需进行后续验证。

7.4 本 章 结 论

形态学观察和组织学分析表明，由成熟合子胚诱导的体细胞胚，起源于表皮细胞，为单细胞起源。体细胞胚的发生过程与合子胚类似；成熟的子叶形体细胞胚具有明显的"Y"字形维管组织，且已经分化出子叶、胚轴、胚根；在球形胚、心形胚、鱼雷形胚及早期子叶形胚阶段，存在类似胚柄的结构，之后退化消失；已经形成的体细胞胚与周围细胞有明显界限，且很容易与周围组织分离。

TUNEL 细胞凋亡原位检测结果显示，第 7 天时大量的染色体 DNA 发生断裂，细胞核染色质为凝聚结构，细胞开始相继发生 PCD；至培养至第 19 天时大量染色体 DNA 变成不规则状开裂，成块状或散裂状分布，核膜破裂。

DAPI 荧光染色观察结果显示，第 7 天时，细胞核中染色质凝聚并边缘化；第 13 天时，凋亡细胞的高度凝集的染色质团块被分割成膜包被的凋亡小体，细胞解体；第 17 天时，胚性细胞表达胚性，平周分裂成为二细胞时期，有的胚性细胞发育至四细胞时期；第 19 天时，观察到早期球形胚出现，其周围存在大量细胞凋亡后产生的空腔。

综上所述，在水曲柳早期体细胞胚胎发生过程中发生了细胞程序性死亡引起了外植体细胞主动性死亡——凋亡。

参 考 文 献

孔冬梅, 沈海龙, 冯丹丹, 等. 2006. 水曲柳体细胞胚胎与合子胚发生的细胞学研究. 林业科学, 42(12): 130-134.

杨玲, 沈海龙. 2011. 花楸树体细胞胚与合子胚的发生发育. 林业科学, 47(10): 63-69.

Chen J T, Hong P I. 2012. Cellular origin and development of secondary somatic embryos in *Oncidium* leaf cultures. Biology-Plant, 56(2): 215-220.

Ellis R E, Yuan J, Horvitz H R. 1991. Mechanisms and functions of cell death. Annual Review of Cell Biology, 7(1): 663-698.

Filonova L H, Bozhkov P V, Brukhin V B, et al. 2000. Two waves of programmed cell death occur during formation and development of somatic embryos in the gymnosperm, Norway spruce. Journal of Cell Science, 113(24): 4399-4411.

Jones A M, Dangl J. 1996. Logjam at the Styx: programmed cell death in plants. Trends in Plant Science, 1(4): 114-119.

Kong D M, Preece J E, Shen H L. 2012. Somatic embryogenesis in immature cotyledons of Manchurian ash (*Fraxinus mandshurica* Rupr.). Plant Cell, Tissue and Organ Culture, 108(3): 485-492.

Kurczyjska E U, Gaj M D, Ujczak A, et al. 2007. Histological analysis of direct somatic embryogenesis in *Arabidopsis thaliana* (L.) Heynh. Planta, 226(3): 619-628.

Maruyama T E, Hosoi Y. 2012. Post-maturation treatment improves and synchronizes somatic embryo germination of three species of Japanese pines. Plant Cell, Tissue and Organ Culture, 110(1): 45-52.

Obara K, Kuriyama H, Fukuda H. 2001. Direct evidence of active and rapid nuclear degradation triggered by vacuole rupture during programmed cell death in *Zinnia*. Plant Physiology, 125(2): 615-626.

Petrussa E, Bertolini A, Casolo V, et al. 2009. Mitochondrial bioenergetics linked to the manifestation of programmed cell death during somatic embryogenesis of *Abies alba*. Planta, 231(1): 93-107.

Pinto G, Silva S, Park Y S, et al. 2008. Factors influencing somatic embryogenesis induction in *Eucalyptus globulus* Labill.: Basal medium and anti-browning agents. Plant Cell, Tissue and Organ Culture, 95(1): 79-88.

Subotić A, Trifunović M, Jevremović S, et al. 2010. Morpho-histological study of direct somatic embryogenesis in endangered species *Frittilaria meleagris*. Biology-Plant, 54(3): 592-596.

Troch V, Werbrouck S, Geelen D, et al. 2009. Optimization of horse chestnut (*Aesculus hippocastanum* L.) somatic embryo conversion. Plant Cell, Tissue and Organ Culture, 98(1): 115-123.

Yang L, Li Y H, Shen H L. 2012. Somatic embryogenesis and plant regeneration from immature zygotic embryo cultures of mountain ash (*Sorbus pohuashanensis*). Plant Cell, Tissue and Organ Culture, 109(3): 547-556.

You X L, Yi J S, Choi Y E. 2006. Cellular change and callose accumulation in zygotic embryos of *Eleutherococcus senticosus* caused by plasmolyzing pretreatment result in high frequency of single-cell-derived somatic embryogenesis. Protoplasm, 227(2-4): 105-112.

8 水曲柳体细胞胚胎发生中的生物化学研究

本章对水曲柳体细胞胚胎发生的各个阶段进行生物化学分析，通过对体细胞胚胎发生不同阶段活性氧含量和细胞总死亡量分析，以分析活性氧代谢与水曲柳体细胞胚胎发生及该过程中细胞程序性死亡的发生，还有外植体褐化之间是否存在相互影响。

8.1 材料与方法

8.1.1 试验材料

以水曲柳成熟合子胚子叶为外植体，按照第 2 章得到的最优诱导培养基，进行接种，培养条件同 2.1.2.2；处理和取样如下：

（1）从诱导培养第 1 天开始，每隔 2 天间断取材，至培养第 45 天。

（2）诱导培养至第 15 天，将外植体转移至不添加激素的培养基中，继续培养，培养条件不变，从第 18 天开始取材，每隔 2 天间断取材，至培养第 45 天。

（3）诱导培养基中蔗糖添加量减半处理为 37.5g/L，从培养第 1 天开始，每隔 2 天间断取材，至培养第 45 天。

取材时期分别为第 3 天、第 5 天、第 7 天、第 9 天、第 12 天、第 13 天、第 15 天、第 18 天、第 21 天、第 24 天、第 27 天、第 30 天、第 33 天、第 37 天、第 40 天、第 43 天、第 45 天，以 0 天为对照。

8.1.2 试验方法

8.1.2.1 活性氧代谢研究

1. 过氧化氢含量测定

取 0.05g 鲜重材料，用 2ml 冷的 0.1%三氯乙酸（TCA）在冰上匀浆，浸提液收集于 2ml 离心管，在 4℃、12 000r/min 离心 15min。取 1ml 上清液，分别加入另外两个 2ml 离心管内（各取 0.5ml，做重复）。然后均加入 1.5ml 10mmol/L 磷酸钾缓冲液（pH 7.0），摇匀，在 390nm 波长测吸光值。用 2ml 10mmol/L 磷酸钾缓冲液（pH 7.0）作空白对照。

培养基中过氧化氢含量测定参照子叶材料进行，取材时在取接种部位附近的培养基，随机取 3～5 处，混在一起匀浆，其余同上。

2. 超氧阴离子含量测定

取 0.05g 鲜重材料，用 2ml 冷的 1% TCA 在冰上匀浆，浸提液收集于 2ml 离心管，在 4℃，12 000r/min 离心 15min。取 1.5ml 上清液加入另一个 5ml 离心管，加入 1.5ml 1mmol/L 盐酸羟胺混匀，于室温暗中孵化 30min。之后将 3ml 混合物分装于 2 个 2ml 离心管中（重复），每个离心管 1ml 液体，再各加入 0.5ml 17mmol/L 磺胺，0.5ml 7mmol/L 甲萘胺，混匀，室温暗中孵化 30min、14 000r/min 离心 10min。离心后，于 540nm 波长测吸光值（NaNO$_2$ 用于制作标准曲线）。测定用水作空白对照。

8.1.2.2 细胞总死亡量测定

取鲜重材料 500mg 于 5ml 离心管中，加入 3ml 0.05%（*w/V*）evans blue 室温下染色 10min；去除染液，用无菌水清洗残液 3 次；之后转入 50ml 三角瓶中微振荡清洗 4 次，室温 130r/min，每次间隔 30min 更换无菌水；收集剩余材料于 2ml 离心管中，加入 1.5ml 1%（*w/V*）SDS，50℃孵化 30min；9000r/min 离心 5min，取上清于 500nm 下测定吸光值，用水作空白对照（同步作煮沸对照），每处理 2 个重复。

8.1.3 数据处理与分析

对所得数据均用 Excel 2003 和 SPSS 17.0 等软件进行方差分析和多重比较，表格和图表中数据为平均值±标准差。

8.2 结果与分析

8.2.1 活性氧代谢研究

在正常体细胞胚胎发生过程中，H$_2$O$_2$ 含量在初期呈逐渐上升状态，在第 18 天时达到最大值，之后逐渐下降，且作为对照处理的培养 0 天的材料，含量最低。从接种第 1～7 天，仅保持缓慢上升的变化状态；第 9 天开始增长速度加快，第 15～18 天出现了飞跃式的增长；之后保持和增长速度相差不多的速度下降，第 37 天时有略微增多，第 40 天出现小峰；大体上，从第 18～45 天整体呈下降趋势，峰值出现的时期为第 18 天左右，该阶段是胚性细胞向体细胞胚分化发生的阶段（图 8-1）。H$_2$O$_2$ 峰值出现时期，为 PCD 大量发生的时期。当培养至第 15 天时，转入无激素培养基，H$_2$O$_2$ 含量在第 18 天仍出现峰值，但该时期 H$_2$O$_2$ 含量明显低于正常添加激素的处理；之后呈下降趋势，在第 37 天时又逐渐增多，第 43 天时出现小峰值（图 8-2）。诱导培养基中蔗糖减半处理，H$_2$O$_2$ 含量偏低，在第 27 天时达到最大值，之后缓慢下降（图 8-3）。

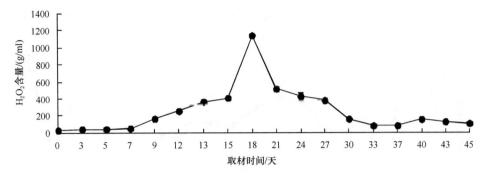

图 8-1 水曲柳体细胞胚胎发生过程中 H₂O₂ 含量变化
正常诱导培养

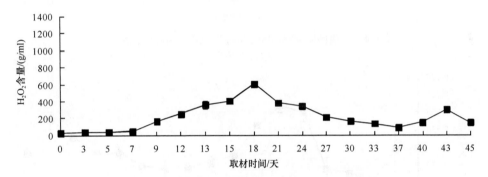

图 8-2 水曲柳体细胞胚胎发生过程中 H₂O₂ 含量变化
诱导 15 天后转移到无激素培养基上

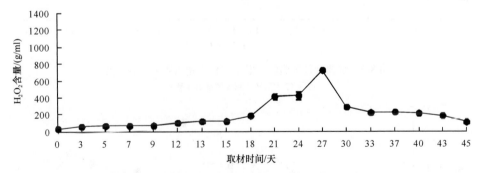

图 8-3 水曲柳体细胞胚胎发生过程中 H₂O₂ 含量变化
诱导培养基中蔗糖浓度减半处理

8.2.2 超氧阴离子含量测定

取材方式同上，进行超氧阴离子含量测定。结果显示在正常体细胞胚胎发生过程中，超氧阴离子含量变化无明显规律，且大体保持在一水平附近浮动（图 8-4）。当培养至第 15 天时，转入无激素培养基上，超氧阴离子含量在第 33 天时，出现小峰值；到第 43 天时，达到最大值（图 8-5）。诱导培养基中蔗糖减半处理，超氧阴离子含量在第 24 天时达到最大值;之后下降,在第 40 天时出现第 2 个峰值(图 8-6)。

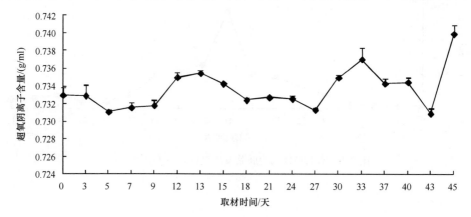

图 8-4　水曲柳体细胞胚胎发生过程中超氧阴离子含量变化
正常诱导培养

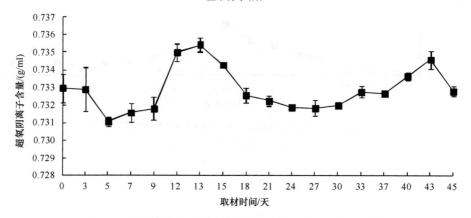

图 8-5　水曲柳体细胞胚胎发生过程中超氧阴离子含量变化
诱导 15 天后转移到无激素培养基上

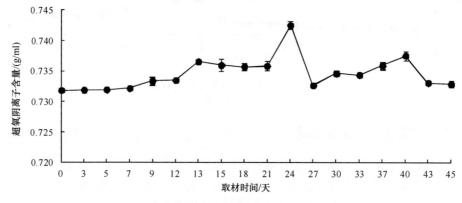

图 8-6　水曲柳体细胞胚胎发生过程中超氧阴离子含量变化
诱导培养基中蔗糖减半处理

8.2.3 细胞总死亡量测定

取材方式同上，进行细胞总死亡量测定。结果显示，在正常体细胞胚胎发生过程中，细胞总死亡量在取材的这些时期出现了 3 个峰值：第 1 次小峰出现在第 15 天左右，处在胚性细胞向体细胞胚分化发生的阶段；第 2 次波峰出现在第 27 天左右，为球形胚大量出现的阶段；第 3 次波峰出现在第 40 天左右，为鱼雷形胚、子叶形胚多发的阶段，即体细胞胚趋向形态成熟的阶段（图 8-7）。当培养至第 15 天时，转入无激素培养基上，细胞总死亡量在第 30 天时达到最大值，之后缓慢下降（图 8-8）。诱导培养基中蔗糖减半处理，细胞总死亡量在第 12 天、第 33 天和第 40 天出现峰值（图 8-9）。

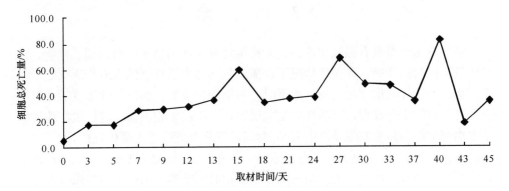

图 8-7 水曲柳体细胞胚胎发生过程中细胞总死亡量变化

正常诱导培养

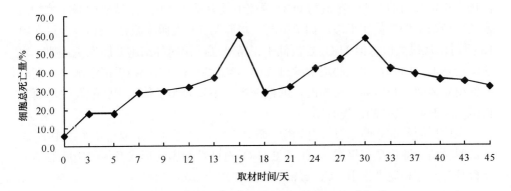

图 8-8 水曲柳体细胞胚胎发生过程中细胞总死亡量变化

诱导 15 天后转移到无激素培养基上

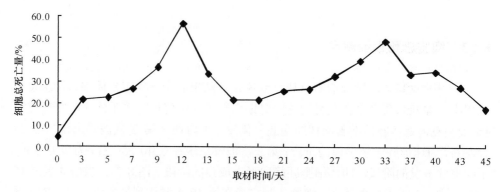

图 8-9   水曲柳体细胞胚胎发生过程中细胞总死亡量变化
诱导培养基中蔗糖浓度减半处理

8.3   讨　　论

活性氧是一类具有强氧化能力、能持续进行反应的物质，包括超氧化物、过氧化氢、羟自由基等。在正常情况下，需氧生物体内活性氧的生成和清除处于动态平衡。当活性氧浓度超过正常水平时，对细胞构成氧化胁迫。低浓度活性氧的存在是正常的生理过程；而活性氧生成过多，会引起细胞损伤。这些很好地解释了水曲柳体细胞胚胎发生过程中 H_2O_2 含量及细胞总死亡量的变化规律。

在植物组织中，各种逆境（包括衰老、冷害、渗透胁迫、低氧等）导致的 PCD 最终都与活性氧的产生有关。当出现环境胁迫时，活性氧的产生与清除将失去平衡，产生氧胁迫。氧胁迫达到一定程度，使得机体不能避免细胞受到损伤时，机体可能将以细胞凋亡（apoptosis）的方式去除那些过度受伤的细胞。植物激素是植物生长发育的调节者，在植物 PCD 调控中具有重要作用。本试验中撤除植物激素及蔗糖减半处理都属于渗透调节范畴。培养第 15 天撤除激素，H_2O_2 含量在第 18 天时出现最大值，但 H_2O_2 含量低于正常处理，说明体细胞胚胎发生需要一定的渗透胁迫，同时在渗透胁迫解除过程中，活性氧含量也会趋于正常水平。高浓度蔗糖对体细胞胚培养是必需的，蔗糖减半，不仅限制了体细胞胚的发生，而且也推迟了 H_2O_2 高峰的出现时期。

在枸杞的体细胞胚胎发生过程中，研究表明在胚性细胞形成愈伤组织中 H_2O_2 含量明显高于继代愈伤组织，由此可见 H_2O_2 对胚性细胞的形成及体细胞胚的早期发育具有诱导和促进作用（Cui et al.，1999）。

研究中发现，当组织转入不添加 ABA 和聚乙二醇（PEG）的培养基时，H_2O_2 含量最低。组织转入体细胞胚胎发生培养基时，H_2O_2 含量急剧增长并且在转入的第 5 天达到最大值。PEG 会在细胞表面形成非渗透水压力，导致细胞内水分减少，细胞质浓度增大，促进体细胞胚的发生；而 ABA 能增强植物对胁迫处理的应激反应（Zhang et al.，2010；Kikuchi et al.，2006；Hare et al.，1999；Siddiqui et al.，1998；Shinozaki and Yamaguchi-Shinozaki，1997）。在日本落叶松（*Larix leptolepis*）体细胞胚研究过程中发现，愈伤组织在无 PEG 的 MS 培养基培养 0 天时，H_2O_2 含量最低。在转入相同培养基但添加 ABA 之后，H_2O_2 含量增加，在第 6 天达到最大值；之后呈急剧下降趋势，在培养第 10 天之后开始有缓慢增长和下降过程，但在达到成熟的第 45 天上升到第 2 个峰值（Zhang et al.，2010）。本研究中 H_2O_2 含量也是在接种 0 天时最低，即无激素的培养基（对照）；在第 18 天的时候出现最大峰值，该时期处在胚性细胞向体细胞胚分化发生的阶段；之后有一个缓慢下降期，在第 33 天时开始平稳缓缓增加到第 40 天体细胞胚趋向成熟阶段出现一个小的波峰。该结果与日本落叶松研究中部分吻合。

活性氧是机体发生 PCD 的信号，H_2O_2 含量上升可诱导 PCD 的发生。光呼吸条件下，转基因烟草中过氧化氢酶活性降低，H_2O_2 浓度升高，诱导叶脉栅栏细胞死亡，超微结构可看到染色质浓缩和线粒体完整性的丧失。适当浓度的外源 H_2O_2 能够诱导烟草悬浮细胞发生 PCD，而且认为 H_2O_2 是 PCD 过程中的信号因子（夏慧丽等，1999）。研究发现过氧化氢处理过程中结缕草细胞出现了大量发生程序性死亡的细胞，而且处理时间越长凋亡率越高。本试验研究结果表明，在 H_2O_2 高峰期确实有大量细胞发生了 PCD，且该时期为体细胞胚早期发育阶段。

欧洲冷杉（*Abies alba*）的依文氏蓝细胞总死亡量测定结果表明，胚性细胞增殖阶段细胞总死亡量比体细胞胚趋向成熟阶段水平高，并且在增殖阶段出现细胞核凋亡的增长也印证了这一结果，认为由于体细胞胚的形成确实揭示了出现细胞总死亡量下降的事实（Petrussa et al.，1999）。而本试验结果显示，细胞总死亡量在取材的这些时期出现了 3 个峰值：第 1 次波峰出现在第 15 天左右，处在胚性细胞向体细胞胚分化发生的阶段；第 2 次波峰出现在第 27 天左右，为球形胚大量出现的阶段；第 3 次波峰为鱼雷形胚、子叶形胚多发的阶段，即体细胞胚趋向形态成熟的阶段，但最高峰出现在第 40 天体细胞胚趋向形态成熟阶段，推断可能是由于培养时期的延长，外植体细胞发生了不同于细胞程序性死亡的坏死现象，导致了细胞总死亡量剧增；而第 1 次的高峰期主要是细胞程序化死亡引起的，凋亡的细胞为胚性细胞的发生提供了营养供给和空间。棉花（*G. hirsutum*）的组织培养中发现，棉花愈伤组织中发生 PCD 的细胞，在死亡后既不能被吸收，又不能成为自身的组成部分，而是发生木质化或木栓化，形成褐色斑点（吴家和等，2003），这一结论可能为解释本试验中，后期细胞总死亡量偏高及外植体的褐化加深提供依据。

8.4 本 章 结 论

通过对过氧化氢、超氧阴离子含量、细胞总死亡量的测定，分析活性氧代谢与水曲柳体细胞胚胎发生及该过程中细胞程序性死亡的发生，还有外植体褐化之间是否存在相互影响。其中 H_2O_2 含量在接种 0 天的时候最低，即无激素的培养基（对照）；在第 18 天的时候出现最大峰值，该时期处在胚性细胞向体细胞胚分化发生的阶段；之后有一个缓慢下降期，在第 33 天时开始平稳缓缓增加，到第 40 天时体细胞胚趋向成熟阶段出现一个小的波峰。细胞总死亡量在培养的第 15 天、第 27 天、第 40 天 3 个时期出现峰值。第 1 次波峰出现在第 15 天左右，处在胚性细胞向体细胞胚分化发生的阶段；第 2 次波峰出现在第 27 天左右，为球形胚大量出现的阶段；第 3 次波峰为鱼雷形胚、子叶形胚多发的阶段，即体细胞胚趋向形态成熟的阶段。最高峰出现在第 40 天体细胞胚趋向形态成熟阶段，推断是由于培养时期的延长，外植体细胞发生了坏死，导致细胞总死亡量剧增；而第 1 次的高峰期，则主要是细胞程序化死亡引起的，凋亡的细胞为胚性细胞的发生提供了营养供给和空间。前期发生 PCD 的细胞死亡后，加速了外植体的褐化。H_2O_2 含量增加可诱导 PCD 的发生。在 PCD 大量发生之前，H_2O_2 含量呈现缓慢上升趋势，因此活性氧暴发可以认为是 PCD 的前兆。

参 考 文 献

吴家和, 张献龙, 聂以春. 2003. 棉花体细胞增殖和胚胎发生中的细胞程序性死亡. 植物生理与分子生物学学报, 29(6): 515-520.

夏慧丽, 陈浩明, 吴逸, 等. 1999. 羟自由基诱导烟草细胞凋亡. 植物生理学报, 25(4): 339-342.

Cui K R, Xing G S, Liu X M, et al. 1999. Effect of hydrogen peroxide on somatic embryogenesis of *Lycium barbarum* L. Plant Science, 146(1): 9-16.

Hare P D, Cress W A, Van Staden J. 1999. Proline synthesis and degradation: a model system for elucidating stress-related signal transduction. Journal of Experimental Botany, 50(33): 413-434.

Kikuchi A, Sanuki N, Higashi H, et al. 2006. Abscisic acid and stress treatment are essential for the acquisition of embryogenic competence by carrot somatic cells. Planta, 223(4): 637-645.

Petrussa E, Bertolini A, Casolo V, et al. 2009. Mitochondrial bioenergetics linked to the manifestation of programmed cell death during somatic embryogenesis of *Abies alba*. Planta, 231(1): 93-107.

Shinozaki K, Yamaguchi-Shinozaki K. 1997. Gene expression and signal transduction in water-stress response. Plant Physiology, 115(2): 327-334.

Siddiqui N U, Chung H J, Thomas T L, et al. 1998. Abscisic acid-dependent and -independent expression of the carrot late-embryogenesis-abundant-class gene *Dc3* in transgenic tobacco seedlings. Plant Physiology, 118(4): 1181-1190.

Zhang S G, Han S Y, Yang W H, et al. 2010. Changes in H_2O_2 content and antioxidant enzyme gene expression during the somatic embryogenesis of *Larix leptolepis*. Plant Cell, Tissue and Organ Culture, 100(1): 21-29.

9 外源 H_2O_2 和 NO 对水曲柳体细胞胚胎发生中 PCD 的影响

H_2O_2 和 NO 作为两个重要的信号分子调控细胞内 PCD 的发生，已在多种植物中展开了相关研究。前期研究发现，H_2O_2 和 NO 在水曲柳体细胞胚胎发生过程中起着重要的作用，外源添加适当浓度 H_2O_2（或 NO）可以促进体细胞胚胎发生，并筛选出有效的浓度梯度。本章通过外源 H_2O_2 和 NO 供体及清除剂分别处理外植体细胞，从而调节细胞内 H_2O_2 和 NO 含量，通过细胞形态学观察分析在体细胞胚诱导培养中外植体细胞死亡情况、PCD 比例，阐述 H_2O_2 和 NO 与体细胞胚胎发生中 PCD 的关系。

9.1 材料与方法

9.1.1 试验材料

水曲柳成熟合子胚采自东北林业大学（哈尔滨市）校园内 10 株生长健壮的 60 龄的母树，于 2015 年 10 月中旬收集具有褐色果皮的成熟翅果备用。

9.1.2 试验方法

9.1.2.1 水曲柳体细胞胚诱导

（1）外植体处理方法：采集到的种子混匀去翅后在流水下冲洗 3 天，然后在 75%（V/V）乙醇溶液中浸泡搅拌 30s，随后在 5%（V/V）次氯酸钠溶液中浸泡 15min，最后在超净工作台中，用无菌蒸馏水冲洗 5 次。

（2）体细胞胚诱导方法：MS1/2 培养基内添加 5mg/L NAA、2mg/L 6-BA、400mg/L CH 和 6.5g/L 琼脂，pH 5.8，在 121℃（105kPa）高压灭菌 20min。无菌条件下，将消毒处理后的成熟种子用无菌解剖刀切去胚根端 1/3～2/3，用镊子挤出成熟合子胚，将切取的单片子叶接种于培养基中（子叶近胚轴端贴于培养基）。分别以 100μmol/L H_2O_2、5U/ml CAT、100μmol/L SNP 和 100μmol/L PTIO 处理子叶后进行体细胞胚诱导培养。以未经处理的合子胚为对照。暗培养，培养室内温度 23～25℃，相对湿度 60%～70%。

（3）取材时期：从体细胞胚诱导的第 1 天开始，定期取材至诱导培养的第 21

天，即分别取诱导培养第 1 天、第 3 天、第 5 天、第 7 天、第 9 天、第 11 天、第 13 天、第 15 天、第 17 天、第 19 天、第 21 天的培养材料。每个时期分别取 3 个代表性培养物，重复 2 次。

9.1.2.2 石蜡切片制作

同 7.1.2.1。

9.1.2.3 TUNEL 原位细胞凋亡检测

同 7.1.2.2。

9.1.2.4 DAPI 染色

同 7.1.2.3。

9.1.3 数据统计与分析

TUNEL 和 DAPI 荧光染色通过荧光体式显微镜（ZEISS Imager A1）观察。拍照通过 ZEISS Axio Cam MRC5 系统，图像处理通过 Axio Vision 4.8 软件，采用 Image J 软件对图片中的细胞进行计数处理，Excel 2010 软件进行数据处理，使用 SigmaPlot 12.5 软件作图，并用 SPSS 19.0 软件进行方差分析和邓肯氏多重比较。计算公式如下：

$$细胞PCD比例（\%）= \frac{TUNEL染色凋亡细胞个数}{细胞总数} \times 100$$

9.2 结果与分析

9.2.1 外源 H_2O_2 对水曲柳外植体细胞 PCD 的影响

随培养时间延长，正常诱导体细胞胚胎发生 PCD 比例呈先增加后降低的趋势（图 9-1）。培养初期逐渐增加（1～7 天），分别在第 3 天（20.91%）、第 5 天（26.17%）、第 7 天（24.37%）达到峰值，其中第 5 天达到最高峰，这种变化达到极显著水平（$P<0.01$）。培养第 9～13 天缓慢降低后逐渐增加，第 13 天达到小高峰（16.36%），此时处于体细胞向胚性细胞转化阶段，随着胚性细胞的进一步表达，体细胞胚胎发生数量/外植体逐渐增加，培养第 13～21 天急速下降后在较低范围内浮动（5.92%～6.14%）。

　　H₂O₂ 处理下（图 9-2），PCD 比例先后多次出现峰值，其中在培养第 1 天的 PCD 比例较高（13.05%，高于对照），之后逐渐增加，在第 3 天达到小高峰（17.56%，低于对照），培养第 3~7 天，PCD 比例呈先降低后增加的趋势，均低于对照；培养第 7~9 天急速降低，第 11 天时 PCD 比例急速增加，出现峰值（17.24%，高于对照），之后在第 13 天时急速降低，培养第 15~21 天，随着胚性细胞大量表达，H₂O₂ 在细胞内大量积累，PCD 比例高于对照，分别在第 15 天（18.67%）、第 19 天（18.45%）、第 21 天（17.63%）达到峰值。

　　CAT 处理下（图 9-3），PCD 比例整体上呈先增加后降低的趋势。培养第 1~7 天，PCD 比例逐渐增加，在第 7 天时达到峰值（21.85%，但低于对照）。培养第

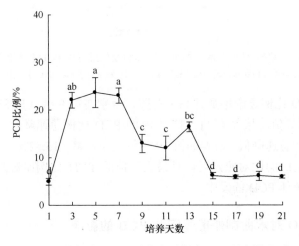

图 9-1　水曲柳体细胞胚胎发生过程中 PCD 比例的影响
字母表示方差分析和邓肯氏多重比较结果，不同小写字母表示在 $P<0.05$ 水平上差异显著

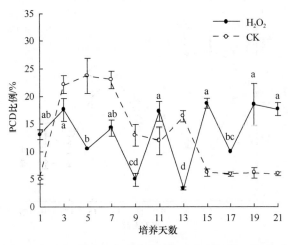

图 9-2　H₂O₂ 处理对水曲柳体细胞胚胎发生过程中 PCD 比例的影响
字母表示方差分析和邓肯氏多重比较结果，不同小写字母表示在 0.05 水平上差异显著

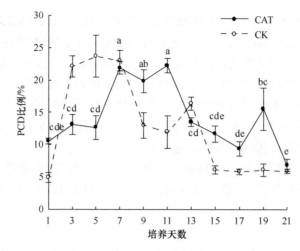

图 9-3　CAT 处理对水曲柳体细胞胚胎发生过程中 PCD 比例的影响

字母表示方差分析和邓肯氏多重比较结果，不同小写字母表示在 0.05 水平上差异显著

9～11 天时 PCD 比例逐渐增加并高于对照，分别在第 9 天（19.83%）和第 11 天（22.23%）达到峰值。培养第 11～17 天时的 PCD 比例急速降低。培养第 17～21 天时略有增加后急速降低，培养的第 19 天达到小高峰（15.52%，高于对照）。CAT 处理下出现峰值时间比对照延迟，且最大峰值的 PCD 比例比对照低，说明 CAT 处理抑制了外植体 PCD 的发生。

9.2.2　外源 NO 对水曲柳外植体细胞 PCD 的影响

NO 供体 SNP 处理下（图 9-4），PCD 比例在培养的第 1 天（17.00%，高于对

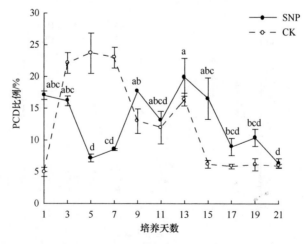

图 9-4　SNP 处理对水曲柳体细胞胚胎发生过程中 PCD 比例的影响

字母表示方差分析和邓肯氏多重比较结果，不同小写字母表示在 0.05 水平上差异显著

照）达到峰值，培养第 3～7 天急速降低后逐渐增加，均低于对照。培养第 9～13 天缓慢降低后逐渐增加，分别在培养的第 9 天（17.68%）和第 13 天（19.88%）达到峰值，这种变化达到极显著水平（$P<0.01$）。培养第 13～17 天时的 PCD 比例急速降低（此时处于体细胞胚数量增加阶段，高于对照）。培养第 17～21 天时略微增加后缓慢降低，其中第 19 天时出现小高峰（10.35%）。SNP 处理下后两个峰值出现时间比对照延迟出现，且 3 个峰值均低于对照，说明 SNP 处理抑制了外植体 PCD 发生。

NO 清除剂 PTIO 处理下（图 9-5），培养第 1～3 天时 PCD 比例急速增加，在培养的第 3 天达到最大峰值（25.65%），这种变化达到极显著水平（$P<0.01$）。培养第 3～9 天时急速降低后缓慢增加，其中第 9 天达到峰值（19.86%，高于对照）。培养第 9～15 天时缓慢降低后逐渐增加，在第 15 天达到峰值（23.59%，高于对照）。培养第 15～21 天时急速降低后缓慢增加，此时为体细胞胚大量增加阶段。PTIO 处理下出现最大峰值时间比对照提前出现，并且出现最大峰值时的 PCD 比例比对照高，说明 PTIO 处理促进外植体细胞 PCD 发生。

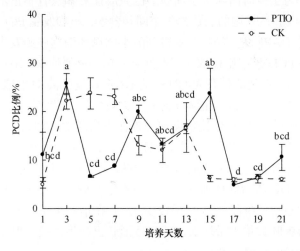

图 9-5 PTIO 处理对水曲柳体细胞胚胎发生过程中 PCD 比例的影响
字母表示方差分析和邓肯氏多重比较结果，不同小写字母表示在 0.05 水平上差异显著

9.2.3 DAPI 染色观察细胞核的形态变化结果

4 种处理的外植体细胞的核 DAPI 染色结果与正常体细胞胚胎发生程序类似，没有观察到明显变化。培养第 1 天和第 3 天的细胞核较为完整，呈规则的圆形，染色后呈均匀、明亮的蓝色荧光，细胞壁和细胞核核膜清晰可辨。培养第 3 天和第 5 天，大部分细胞核形态正常，只有少部分细胞核形态发生变化，细胞核边缘呈轻微褶皱状或波纹状，染色质中有不规则的点状或块状聚集，凋亡细胞的染色质向核膜聚拢。培养第 9 天和第 11 天，随着胚性细胞的出现，大多数凋亡细胞的

染色质进一步向核膜聚拢，边缘化，形成紧贴核膜的环状结构，且周围细胞出现空腔。培养第 13 天，大量非胚性细胞转化成胚性细胞，大部分细胞已观察不到完整的、规则的细胞核，多数呈月牙状、碎片状。染色质进一步凝集、固缩结块呈絮状，并靠近核膜。培养第 15 天和第 17 天，胚性细胞进一步表达，此时细胞膜和核膜已完全被破坏，已基本看不到完整的细胞核，可观察到荧光较强的球状颗粒，部分凋亡小体被排出核外。培养第 19 天和第 21 天，此时已有早期球形胚出现，存在大量细胞凋亡后产生的空腔。

9.3 讨 论

9.3.1 水曲柳体细胞胚胎发生中的 PCD 现象

细胞程序性死亡（PCD）是细胞遵循自身生命活动程序，并受多种因子调控的积极主动的死亡方式，在植物生长发育和环境相互作用中普遍存在，在植物胚胎发生过程中，为了及时清除多余细胞的已完成任务和发育不正常的细胞中起着重要作用，为后续胚性细胞的表达提供空间和营养。植物发生 PCD 的细胞具有典型的特征，通过 DAPI 荧光染色，观察到随水曲柳体细胞胚胎发生培养时间的延长，典型的发生 PCD 的细胞核浓缩，染色质分布于核膜边缘，最后形成凋亡小体等一系列变化特征。断裂的带有 3'-OH 端的 DNA 片段可被 TUNEL 原位凋亡细胞检测在荧光显微镜下观察到，在黑背景下有大量绿色荧光信号显影，即 DNA 大量发生片段化，通过统计 PCD 比例发现分别在先后两次达到高峰，结合水曲柳体细胞胚在不同培养时间下的发生情况，发现第 1 个峰值出现在培养初期（第 3~7 天），该阶段可能是外植体为了适应培养基中的高糖胁迫，外植体细胞进一步分裂，促使细胞发生 PCD，为后续体细胞胚胎发生奠定基础。第 2 个峰值出现在水曲柳体细胞向胚性细胞转化阶段（第 13~15 天），并在培养第 13~17 天时急速降低，此时水曲柳体细胞胚数量大量增加，部分球形胚已初步形成。但不同处理下，这两个峰值出现的时间点略有不同。

9.3.2 外源 H_2O_2 对水曲柳外植体细胞 PCD 的影响

植物体内发生 PCD 的过程中，ROS 可作为 PCD 发生的标志性信号，信号分子活性氧的暴发是细胞进入 PCD 的早期代表性事件。如在发生 PCD 的衰老叶片中有大量 O_2^- 和 H_2O_2 的积累（Pastori and Delrio，1997）。同样，在水曲柳体细胞胚胎发生的早期阶段外植体细胞内 H_2O_2 的高峰期有大量的 PCD 发生。ROS 诱发 PCD 发生的原因可能是氧化胁迫或者抗氧化酶活性的改变。Desikan 等（1998）研究发现，通过外源 H_2O_2 处理拟南芥细胞悬浮液时观察到由 H_2O_2 介导的 PCD。Mittler 等（2004）研究发现，当烟草受到病毒侵染时，抑制了细胞质抗坏血酸 CAT

活性，细胞清除 H_2O_2 的能力降低，导致细胞内 H_2O_2 的大量产生，进而诱发 PCD 的发生；相反，抑制 H_2O_2 则可缓解细胞死亡。本研究与此研究结果相似，外源添加 H_2O_2 处理促进了外植体 PCD 的发生，而 CAT 处理清除了细胞内 H_2O_2 抑制了外植体 PCD 的发生。推测 H_2O_2 处理促进了外植体细胞内 H_2O_2 的积累，造成氧化胁迫，最终诱导 PCD 的发生。而外源 CAT 处理清除了细胞内积累的 H_2O_2，改变了细胞内抗氧化酶的活性，随培养时间的延长，细胞内 H_2O_2 大量积累，当积累达到一定阈值后，介导了 PCD 的发生。其中在培养的第 7～11 天出现第 1 个峰值，培养的第 19 天出现第 2 个峰值，两个峰值出现时间均晚于且低于对照，进而延缓和抑制了 PCD 的发生。可见在水曲柳体细胞胚胎发生中，H_2O_2 作为诱发 PCD 发生的诱导因子可作为 PCD 发生的标志性信号。

9.3.3 外源 NO 对水曲柳外植体细胞 PCD 的影响

一氧化氮（NO）目前被视为一个主要的信号分子参与植物细胞分化和程序性细胞死亡过程。外源添加 NO 而诱发了细胞内 ROS 的增加，ROS 和 NO 之间存在交互作用，二者之间的比例关系共同决定植物细胞是否发生 PCD。PCD 的诱发可能是由 NO 和 O_2^- 相互作用产生 $ONOO^-$ 执行的（Zhao，2007；秦毓茜和李延红，2006）。有研究表明，NO 和 ROS 共同引起大豆和烟草悬浮培养细胞的过敏性死亡（Delledonne et al.，2001）。细胞内 NO 和亚硝基硫醇（SNO）的含量对 H_2O_2 诱导水稻叶肉细胞 PCD 的发生起重要作用。在大豆悬浮细胞的研究中发现（Delledonne et al.，1998），NO 能增强内源 ROS 诱发的细胞死亡，并能被 NO 清除剂 PTIO、DPI 或过氧化氢酶所抑制，说明内源性活性氧参与外源 NO 的作用过程。在植物逆境胁迫下，NO 具有保护和抗氧化作用，可降低细胞的损伤和延缓衰老，这与由 NO 介导的降低植物体内 ROS 水平是密切相关的。在镉胁迫下，通过施加外源 SNP 可以保护水稻幼苗免受镉的毒害作用（Panda et al.，2011）。在短叶紫杉细胞培养的研究表明（Pedroso et al.，2000），通过 SNP 处理和机械胁迫可引起细胞发生 PCD，并有大量 NO 释放，添加 L-NMMA 能够抑制 PCD 的发生。在本研究中同样发现了上述现象，由高糖诱导的水曲柳体细胞胚胎发生中，通过 NO 供体 SNP 处理增加外植体细胞内 NO 含量，抑制了外植体 PCD 的发生，反之则促进。并且发现第 1 个峰值出现在培养的第 9～13 天，第 2 个峰值出现在第 19 天，两个峰值出现时间均晚于对照，且 PCD 比例均低于对照，推测这是由于通过外源增加外植体细胞内 NO 含量，提高了抗氧化酶活性，在某种程度上清除 ROS 的含量，使 NO/ROS 的值低于诱发 PCD 的阈值，从而抑制和延缓了外植体 PCD 的发生。

综上所述，本研究通过细胞形态学观察和统计发生 PCD 的比例，从而定性和定量地证明了 H_2O_2 和 NO 在诱发水曲柳体细胞胚外植体细胞内 PCD 发生中起重要作用,可以作为水曲柳体细胞胚胎发生中外植体细胞 PCD 的指示性信号。但在这个过程中,外源 H_2O_2(或 NO)的改变诱发 PCD 发生的相关机理,以及 H_2O_2 与 NO 与其他信号分子的交互作用有待进一步研究。

9.4　本 章 结 论

本章通过 TUNEL 凋亡原位细胞检测和 DAPI 染色,对外源添加(或清除)细胞内 H_2O_2 和 NO 处理水曲柳外植体细胞进行细胞形态学观察,结果表明:H_2O_2、CAT 和 PTIO 处理均促进外植体细胞 PCD 的发生;SNP 处理抑制外植体细胞 PCD 的发生。说明 H_2O_2 和 NO 均参与了水曲柳体细胞胚胎发生过程中的外植体细胞死亡过程,且与外植体细胞的 PCD 关系密切,可以作为水曲柳体细胞胚胎发生中外植休细胞 PCD 的指示性信号。

参 考 文 献

秦毓茜, 李延红. 2006. 一氧化氮在植物中的生理作用. 安徽农业科学, 34(9): 1802-1804.

Delledonne M, Xia Y, Dixon R A, et al. 1998. Nitric oxide functions as a signal in plant disease. Nature, 394(6693): 585-588.

Delledonne M, Zeier J, Marocco A, et al. 2001. Signal interactions between nitric oxide and reactive oxygen intermediates in the plant hypersensitive disease resistance response. Proceedings of the National Academy of Sciences of the United States of America, 98(23): 13454-13459.

Desikan R, Reynolds A, Hancock J T, et al. 1998. Harpin and hydrogen peroxide both initiate programmed cell death but have differential effects on defence gene expression in *Arabidopsis* suspension cultures. Biochemical Journal, 330(2): 115-120.

Mittler R, Vanderauwera S, Gollery M, et al. 2004. Reactive oxygen gene network of plants. Trends in Plant Science, 9(10): 490-498.

Panda P, Nath S, Chanu T T, et al. 2011. Cadmium stress-induced oxidative stress and role of nitric oxide in rice (*Oryza sativa* L.). Acta Physiologiae Plantarum, 33(5): 1737-1747.

Pastori C M, Delrio L A. 1997. An activated oxygen-mediated function for peroxisomes. Plant Physiology, 113(2): 411-418.

Pedroso M C, Magalhaes J R, Durzan D. 2000. Nitric oxide induces cell death in *Taxus* cells. Plant Science An International Journal of Experimental Plant Biology, 157(2): 173-180.

Zhao J. 2007. Interplay among nitric oxide and reactive oxygen species: a complex network determining cell survival or death. Plant Signaling & Behavior, 2(6): 544-547.

10 外源 H_2O_2 对外植体细胞死亡和体细胞胚胎发生的影响

水曲柳体细胞胚胎发生过程中有 H_2O_2 和 NO 的参与，并且外源 H_2O_2 浓度不同，其对水曲柳体细胞胚胎发生的作用也不同。本章通过外源添加 H_2O_2 和 CAT 对水曲柳外植体进行培养，研究外源 H_2O_2 对细胞内 H_2O_2 含量、细胞内 NO 含量和细胞总死亡量的影响，以及体细胞胚胎发生中是否有 NO 生成，分析体细胞胚胎发生中 H_2O_2 的作用机理，研究结果可为改善水曲柳体细胞胚的质量和数量提供新的生物技术手段与可靠的理论依据，对了解植物胚胎发育中 PCD 事件的关键信号和其调控机理具有重要的意义。

10.1 材料与方法

10.1.1 试验材料

分别用 100μmol/L H_2O_2 和 5U/ml CAT 处理水曲柳成熟合子胚，以未经处理的合子胚为对照，进行诱导培养。从诱导培养的第 1~21 天，每隔 2 天间断取材。

10.1.2 试验方法

10.1.2.1 细胞总死亡量检测

同 8.1.2.2。

10.1.2.2 细胞内 H_2O_2 含量测定

同 8.1.2.1。

10.1.2.3 细胞内 NO 含量测定

用胞外亚硝酸盐含量表示。取 0.05g 新鲜材料，用 2ml 冷的去离子水（pH=8.0）在冰上研磨，浸提液收集于 2ml 离心管，再加入 100μl 0.42mol/L $ZnSO_4$ 溶液和 50μl 0.5mol/L NaOH 溶液，搅拌均匀。置 60℃水浴中加热 10min，取出后冷却至室温，在室温下 12 000r/min 离心 15min。提取上清液 1ml，加入 1ml 混合 Griess 试剂[在 5%（w/V）磷酸中含有 1%磺胺、水中含有 0.1%（w/V）N-1-萘基-氨茶碱氟安定]。

在室温下避光孵化 15min 后，在 540nm 下比色。NO 含量在 $NaNO_2$ 的标准曲线上测定。以加去离子水的 Griess 试剂为对照，每处理 2 个重复。

10.1.3 数据统计与分析

采用 Excel 2003 软件进行数据处理，并用 SPSS 17.0 软件进行方差分析、多重比较和相关性分析。

10.2 结果与分析

10.2.1 细胞总死亡量分析

第 1~5 天，对照组的细胞总死亡量缓慢增加后降低，在第 7 天增幅略增加，在第 11 天急速增加并出现一个峰值（此时外植体的褐化程度显著加大），第 13 天急速减小之后，无明显变化。H_2O_2 处理的细胞总死亡量从第 1 天开始在一个较低水平附近浮动，分别在第 5 天和第 15 天出现 2 个相对较高的值，但低于对照组。CAT 处理的细胞总死亡量从第 1 天开始无明显变化，分别在第 5 天、第 15 天和第 21 天出现 3 个相对较高的值，CAT 处理的 3 个较高值均高于 H_2O_2 处理，但低于对照组的峰值。说明增加细胞内 H_2O_2 含量或减少细胞内 H_2O_2 含量，均降低了外植体细胞总死亡量，并且没有明显的峰值（图 10-1）。

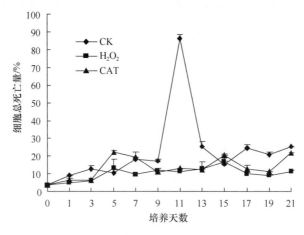

图 10-1 H_2O_2 对水曲柳体细胞胚胎发生过程中细胞总死亡量的影响

10.2.2 细胞内 H_2O_2 含量分析

第 1~5 天，对照组的细胞内 H_2O_2 含量无明显变化。从第 7 天开始急速增加，并出现第 1 个峰值（0.95μmol/g）（此时外植体开始出现褐化现象），第 9 天有小幅度减小之后,从第 11 天开始又大幅度增加,之后增加速度缓慢,在第 15 天略微减小后在第 17 天时又出现第 2 个峰值($1.45\mu mol/g$),之后略减小。第 11~21 天总体上处在一个较高水平,此阶段外植体褐化加深并处在胚性细胞向体细胞胚分化的阶段(图 10-2)。

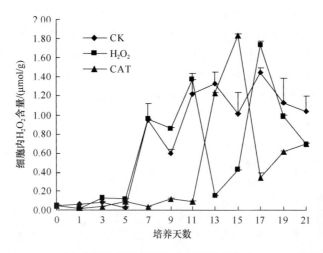

图 10-2 H₂O₂ 对水曲柳体细胞胚胎发生过程中细胞内 H₂O₂ 含量的影响

第 1~5 天,H₂O₂ 处理的细胞内 H₂O₂ 含量无明显变化,第 7 天开始在一个较高水平上急速增加,并略高出对照组 $0.01\mu mol/g$,第 11 天出现第 1 个峰值($1.38\mu mol/g$),即外植体开始出现褐化现象的同时伴随 H₂O₂ 含量的大量生成,并且随着褐化程度加深,H₂O₂ 暴发越严重,随后急速减小到增加之前的含量,第 17 天时又急速增加,出现第 2 个峰值($1.74\mu mol/g$),此时为胚性细胞向体细胞胚分化的阶段,之后大幅度减小。与对照组相比,均在第 7 天体细胞胚开始出现褐化现象时有 H₂O₂ 的暴发,其含量略高于对照组。虽然 H₂O₂ 处理的第 1 个峰值晚于对照组出现,但是其 2 个峰值分别高于对照组。说明外源 H₂O₂ 可增加细胞内 H₂O₂含量,但暴发时期没有明显变化(图 10-2)。

第 1~11 天,CAT 处理的细胞内 H₂O₂ 含量无明显变化,第 13 天开始在一个较高水平上急速增加,第 15 天时出现一个峰值($1.83\mu mol/g$),此时为胚性细胞向体细胞胚分化的阶段,第 17 天急速减小后略有增加。CAT 处理的细胞内 H₂O₂含量出现第 1 个峰值的时间虽然晚于对照组和 H₂O₂ 的处理,但峰值高于对照组和 H₂O₂ 处理的最高峰。说明外源 CAT 可清除细胞内 H₂O₂ 含量,延迟 H₂O₂ 暴发,使得胚性细胞向体细胞胚分化阶段出现较晚(图 10-2)。

10.2.3 细胞内 NO 含量分析

对照组细胞内 NO 含量从第 1~5 天缓慢增加,在第 5 天出现一个峰值

（0.81μmol/g），第 7 天急速减小，之后无明显变化（图 10-3）。H_2O_2 处理的细胞内 NO 含量，在第 3 天出现第 1 个峰值（1.32μmol/g），第 5 天急速减小之后始终保持在一个较低水平附近浮动，直到第 15 天又开始急速增加并出现第 2 个峰值（4.53μmol/g），之后急速减小，但依然保持在一个较高的水平上，第 21 天时又急速增加到 7.73μmol/g（此时开始有球形胚出现）。与对照组相比，发生在外植体褐化前的第 1 个峰值早于对照组出现，另外还在胚性细胞向体细胞胚分化阶段出现了 1 个高峰和 1 个最高值，这 3 个值均高于对照组。说明外源 H_2O_2 可增加细胞内 NO 含量，促进发生在外植体褐化前细胞内 NO 暴发提前，同时引起了 NO 在胚性细胞向体细胞胚分化阶段的 2 次暴发，并且球形胚出现时期的暴发量最大（图 10-3）。

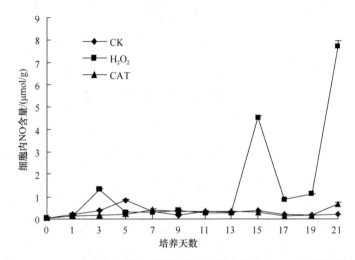

图 10-3　H_2O_2 对水曲柳体细胞胚胎发生过程中细胞内 NO 含量的影响

CAT 处理的细胞内 NO 含量，从第 1~5 天缓慢增加，之后大体在一个较低水平附近浮动，在第 7 天出现第 1 个峰值（0.43μmol/g），第 21 天时又急速增加到 0.66μmol/g，出现第 2 个峰值（此时开始有球形胚出现）。与对照组相比，其第 1 个峰值晚于对照组出现，另外还在有球形胚出现阶段出现了有一个更大的值，这 2 个值均低于对照组。说明外源 CAT 抑制细胞内产生 NO，减少细胞内 NO 含量，拖延细胞内 NO 的首次暴发，但引起了发生在球形胚出现时期的第 2 次暴发，并且暴发量最大（图 10-3）。

10.2.4　相关性分析

为探究细胞内 H_2O_2 和 NO 含量与细胞总死亡量的关系，及细胞内 H_2O_2 和 NO 含量之间的关系，在正常体细胞胚诱导培养情况下，对高蔗糖处理的水曲柳外植体体细胞胚胎发生中各指标进行相关性分析。分析结果显示：不同指标间均不显著相关；细胞总死亡量与细胞内 H_2O_2 含量呈中等强度正相关（$r<0.6$），而与细胞

内 NO 含量呈极弱正相关（$r<0.2$），近似于不相关；细胞内 H$_2$O$_2$ 含量与细胞内 NO 含量呈弱负相关（$r<0.4$），近似于不相关。表明细胞总死亡量均随着细胞内 H$_2$O$_2$ 或 NO 含量增加而增加，但与细胞内 H$_2$O$_2$ 含量之间关系更密切；细胞内 NO 含量与细胞内 H$_2$O$_2$ 含量关系不显著（表 10-1）。

表 10-1　正常诱导培养情况下水曲柳体细胞胚胎发生各指标的相关性分析

处理	细胞总死亡量	细胞内 H$_2$O$_2$ 含量	细胞内 NO 含量
细胞总死亡量	1		
细胞内 H$_2$O$_2$ 含量	0.538	1	
细胞内 NO 含量	0.037	−0.225	1

10.3　讨　　论

H$_2$O$_2$ 是 ROS 最重要的形式之一。近年来研究发现，H$_2$O$_2$ 除作为自由基毒害植物外，还可以作为信号分子，参与植物的生长发育、超敏反应、防御反应、细胞凋亡及抗逆性等生理过程。H$_2$O$_2$ 在植物 PCD 中起着重要的作用。胁迫会诱导植物产生 H$_2$O$_2$，产生的 H$_2$O$_2$ 作为一个重要信号分子诱导 PCD 相关基因的表达，控制 PCD 的进程和胁迫反应。已知 H$_2$O$_2$ 能诱导大豆（李美兰等，2013），白杨树（金钢和叶建仁，2006），拟南芥（王丽娜等，2010），烟草（王欣，2012）悬浮培养细胞发生 PCD。

在水曲柳体细胞胚胎发生中，已发现体细胞胚胎发生需要一定的渗透胁迫，在这种胁迫作用下，细胞总死亡量分别在胚性细胞向体细胞胚分化发生、球形胚大量出现和体细胞胚趋向形态成熟的 3 个阶段出现了峰值；另外在体细胞胚早期发育阶段 H$_2$O$_2$ 的产生达到一个高峰，同时伴有 PCD 出现，说明 H$_2$O$_2$ 含量上升可诱导 PCD 的发生。因此推测 H$_2$O$_2$ 对诱发水曲柳外植体 PCD 的产生起重要作用，可能作为一个信号分子参与激活 PCD。在大麦（*Hordeum vulgare* cv. 'Himalaya'）糊粉层细胞中，NO 作为 PCD 的 一种专一的内源调节分子起作用（周万海等，2015）。银白杨（*Populus alba* cv. 'villafranca'）细胞悬浮培养物暴露于苜蓿（*Medicago sativa*）皂苷中，在银白杨细胞中观察到了有 PCD 形态学特征的细胞死亡，同时伴随悬浮细胞中 NO 含量增加和培养基中 ROS 的释放（金钢和叶建仁，2006）。本研究发现，在正常情况下，水曲柳成熟合子胚在高浓度蔗糖处理下的体细胞胚胎发生过程中，外植体的细胞总死亡量在培养的第 7 天增幅略增加，在第 11 天出现一个峰值，此时外植体的褐化程度显著加深；细胞内 H$_2$O$_2$ 含量在第 7 天出现一个峰值，此时外植体开始出现褐化现象，从第 11 天开始一直到第 21 天出现了第 2 次 H$_2$O$_2$ 暴发，此阶段外植体褐化加深并处在胚性细胞向体细胞胚分化时期，其中在第 17 天时出现 1 个更高的峰值；细胞内 NO 含量在培养的第 5 天出现一个峰值。说明水曲柳外植体在蔗糖胁迫处理下，体细胞胚胎发生过程中在外植体细胞出现大量死亡之前同时存在 H_2O_2 和 NO 含量的增加，并且细胞内 NO 先于细胞内 H_2O_2 暴发。类似的现象在拟南芥中也发现过，在镉诱导的拟南芥细胞死亡中，NO 迅速增加，随后，在细胞死亡开始增加之前，H_2O_2 开始产生（刘维仲等，2008）。相关性分析结果表明细胞总死亡量均随着细胞内 H_2O_2 或 NO 含量增加而增加，并且细胞内 H_2O_2 含量与细胞总死亡量的关系更密切。因此，推测 NO 就像 H_2O_2 一样，都作为信号分子调控细胞死亡的进程，并且在信号网络中，NO 作为 H_2O_2 的上游信号，参与调控决定细胞死亡基因的表达。

在证明水曲柳体细胞胚胎发生过程中的外植体细胞死亡伴有细胞内 H_2O_2 积累的基础上，为了探讨细胞内产生的 H_2O_2 对细胞死亡是否有影响，试验中采用 H_2O_2 和 CAT 分别处理水曲柳外植体以增加和清除细胞内 H_2O_2 含量，从而得出 H_2O_2 是否参与细胞死亡的结论。研究表明，外源添加 H_2O_2 可促进水曲柳外植体细胞内 H_2O_2 和 NO 的暴发，而外源添加 CAT 则抑制细胞内 H_2O_2 和 NO 的暴发。说明细胞内 H_2O_2 含量增加促进 NO 的暴发，相反则抑制。在大麦小孢子和悬浮细胞的胚胎发生体系中，胁迫处理以后出现了 ROS 的增加并伴随着细胞死亡比例的增加，而在用抗坏血酸清除 ROS 后小孢子培养早期的细胞死亡比例显著地降低了，这表明胁迫后增加的 ROS 将参与导致细胞死亡（Delledonne et al.，2001）。CAT 作为生物体内主要的抗氧化酶之一，催化细胞内 H_2O_2 的分解，使细胞免于遭受 H_2O_2 的毒害，从而延缓或者阻止 PCD 的发生。本试验也出现了类似于大麦小孢子和悬浮细胞胚胎发生中的现象，即水曲柳外植体在高浓度蔗糖胁迫处理下，体细胞胚胎发生过程中细胞内 H_2O_2 含量大量增加的同时细胞总死亡量也瞬间增加，而在用 CAT 清除 H_2O_2 后 H_2O_2 延迟暴发的同时外植体的细胞总死亡量也有所降低，这表明 H_2O_2 参与了高浓度蔗糖胁迫诱导的水曲柳外植体细胞死亡过程。外源添加 H_2O_2 能引起结缕草细胞死亡，并且随着诱导时间及浓度的增加，加剧细胞死亡（Barman et al.，2014）。但是本试验用 H_2O_2 处理水曲柳外植体后，细胞内 H_2O_2 含量增加伴随的却是细胞总死亡量减少，可能是由于 H_2O_2 诱导细胞死亡具有一定的浓度效应，当细胞内 H_2O_2 含量超过某一浓度范围时其对水曲柳外植体细胞死亡的诱导减弱。虽然 H_2O_2 处理后细胞总死亡量减少，但水曲柳细胞胚胎发生率却增加，可能由于细胞内 H_2O_2 含量增加导致了 PCD 细胞/死亡细胞比例增加，并且 PCD 细胞总量大于未经 H_2O_2 处理的外植体 PCD 细胞总量。因此需要作进一步试验验证 PCD 发生情况，探讨 H_2O_2 与 PCD 的关系。虽然本试验说明了高浓度蔗糖胁迫处理导致的细胞死亡与产生的 H_2O_2 有关，但对其作用机理并不确定。

10.4 本章结论

H_2O_2 参与了高浓度蔗糖胁迫诱导的水曲柳体细胞胚胎发生过程中的外植体

细胞死亡过程，且与 NO 具有密切联系。在正常体细胞胚胎发生过程中，细胞内 H_2O_2 和 NO 峰值均出现在外植体细胞总死亡量峰值之前，NO 先于 H_2O_2 出现，且细胞总死亡量均随着细胞内 H_2O_2 或 NO 含量增加而增加，其中 H_2O_2 含量与细胞总死亡量的关系更密切。因此推测 NO 和 H_2O_2 均作为信号分子调控细胞死亡进程，在信号网络中 NO 作为 H_2O_2 上游信号，参与调控细胞死亡的过程。H_2O_2 处理抑制细胞总死亡量，促进细胞内 H_2O_2 含量的生成，促进细胞内 NO 含量的生成。CAT 处理抑制细胞总死亡量，抑制细胞内 H_2O_2 含量的生成，抑制细胞内 NO 的生成。

参 考 文 献

金钢, 叶建仁. 2006. 植物细胞程序性死亡(PCD)分析测试方法的发展. 山西农业大学学报(自然科学版), 26(2): 113-118.

李美兰, 李德文, 于景华, 等. 2013. 外源 NO 对南方红豆杉幼苗光合色素及抗氧化酶的影响. 植物研究, 33(1): 39-44.

刘维仲, 张润杰, 裴真明, 等. 2008. 一氧化氮在植物中的信号分子功能研究: 进展和展望. 自然科学进展, 18(1): 10-24.

王丽娜, 杨凤娟, 王秀峰, 等. 2010. 外源 NO 对铜胁迫下番茄幼苗生长及其抗氧化酶编码基因 mRNA 转录水平的影响. 园艺学报, 37(1): 47-52.

王欣. 2012. 外源 NO 熏蒸处理对双孢蘑菇贮藏生理与品质的影响. 杨凌: 西北农林科技大学硕士学位论文.

周万海, 冯瑞章, 师尚礼, 等. 2015. NO 对盐胁迫下苜蓿根系生长抑制及氧化损伤的缓解效应. 生态学报, 35(11): 3606-3614.

Barman K, Siddiqui M W, Patel V B, et al. 2014. Nitric oxide reduces pericarp browning and preserves bioactive antioxidants in litchi. Scientia Horticulturae, 171: 71-77.

Delledonne M, Zeier J, Marocco A, et al. 2001. Signal interactions between nitric oxide and reactive oxygen intermediates in the plant hypersensitive disease resistance response. Proceedings of the National Academy of Sciences of the United States of America, 98(23): 13454-13459.

11 外源 H_2O_2 对外植体细胞 H_2O_2 代谢 和 NO 合成的影响

本章通过外源添加 H_2O_2 或 CAT 处理外植体细胞，分析处理对水曲柳体细胞胚诱导过程中外植体细胞内 H_2O_2 和 NO 含量，以及过氧化物酶（POD）、超氧化物歧化酶（SOD）、多酚氧化酶（PPO）、一氧化氮合酶（NOS）、硝酸还原酶（NR）活性的影响，以阐述外源 H_2O_2 在水曲柳体细胞胚胎发生中对内源 H_2O_2 代谢和 NO 合成的调控机理。

11.1 材料与方法

11.1.1 试验材料

外植体的制备及 H_2O_2 和 CAT 处理方法同 10.1.1，以正常诱导水曲柳体细胞胚为对照，分别取培养的第 3 天、第 7 天、第 9 天、第 13 天、第 15 天和第 19 天的培养材料进行相关指标测定。

11.1.2 试验方法

11.1.2.1 细胞内 H_2O_2 含量测定

同 8.1.2.1。

11.1.2.2 细胞内 NO 含量测定

同 10.1.2.3。

11.1.2.3 POD 活性测定

酶液粗提取：取 0.25g 样品置于预冷的研钵中，加入 2ml 50mmol/L 预冷的磷酸缓冲液（pH 7.8），在冰浴上研磨成匀浆，后转入离心管中，在 4℃ 12 000×g 下离心 20min，取上清液即为酶液。

取 0.3ml 酶液，加入 3ml 反应液 [200ml 0.2mol/L 磷酸缓冲液（pH 6.0）、

0.112ml 30% H_2O_2、0.076ml 愈创木酚],以磷酸缓冲液为对照调零,于 470nm 下测定吸光度的变化值,以每分钟内 OD 值变化 0.01 为 1 个酶活力单位(U),测定 5min 内吸光度变化值,平均每 30s 测定一次,每处理重复 3 次。

11.1.2.4 PPO 活性测定

酶液粗提取:取 0.25g 样品置于预冷的研钵中,加入 4ml 0.1mol/L 柠檬酸-磷酸缓冲液(pH 6.8),在冰浴上研磨成匀浆,后转入离心管中,在 10 000r/min 下离心 15min,取上清液即为酶液。

取 0.1ml 酶液,加入 2.9ml 0.1mol/L 柠檬酸-磷酸缓冲液(pH 6.8)和 1ml 0.1mol/L 邻苯二酚,于 398nm 下测定吸光度的变化值,以每分钟内 OD 值变化 0.01 为 1 个酶活力单位(U),测定 5min 内吸光度变化值,平均每 30s 测定一次,每处理重复 3 次。

11.1.2.5 SOD 活性测定

酶液粗提取方法同 11.1.2.3。

取 0.5ml 酶液,加入 3ml 反应液[1.5ml 0.05mol/L 磷酸缓冲液(pH 7.4)、0.3ml 130mmol/L 甲硫氨酸、0.3ml 750μmol/L NBT、0.3ml 20μmol/L 核黄素、0.3ml 100μmol/L EDTA、0.25ml 蒸馏水]。混匀后将一支加缓冲液的对照管置于暗处,另一支光照对照管和其他各管置于光照培养箱中,在 80μmol/($m^2 \cdot s$)光照下反应 20min,用黑暗终止反应,立即在 560nm 下比色。SOD 活性单位是以抑制 NBT 光化还原 50% 所需酶量为 1 个酶活性单位(U)。

11.1.2.6 NOS 活性测定

采用南京建成 A014-2 试剂盒测定总 NOS 活性。测定原理为 NOS 催化 L-Arg 和分子氧反应生成 NO,NO 与亲核性物质生成有色化合物,在 530nm 波长下测定吸光度,根据吸光度的大小可计算出 NOS 活性。

酶液提取:取 0.25g 样品置于预冷的研钵中,加入 4ml 0.1mol/L 磷酸缓冲液(pH 7.4),在冰浴上研磨成匀浆,后转入离心管中,4000r/min 离心 15min,取上清液即为酶液。

具体操作方法参照南京建成 NOS 活性测定试剂盒说明书。

11.1.2.7 NR 活性测定

采用南京建成 A096 试剂盒测定 NR 活性。测定原理为 NR 催化植物体内的硝酸盐还原为亚硝酸盐。产生的亚硝酸盐与显色剂反应生成红色化合物,在 540nm 处比色测定。

具体酶液粗提取与测定方法参照南京建成硝酸还原酶(NR)测定试剂盒说明书。

11.1.3 数据统计与分析

采用 Excel 2010 软件进行数据处理,使用 SigmaPlot 12.5 软件进行制图,并用 SPSS 19.0 软件进行方差分析和邓肯氏多重比较及相关性分析。

11.2 结果与分析

11.2.1 细胞内 NO 和 H_2O_2 含量变化

正常体细胞胚诱导程序下,细胞内 NO 含量在第 3~7 天大量暴发(图 11-1),第 3 天达到峰值(0.36μmol/g),之后急速降低后逐渐升高,第 15 天达到第 2 个峰值(0.35μmol/g)(此时处于大量体细胞向胚性细胞转化阶段)。细胞内 H_2O_2 含量整体上逐渐升高(图 11-2),培养第 3~9 天急速上升后略有降低,之后 H_2O_2 大量暴发(外植体逐步褐化),第 13~19 天在较高范围内浮动(1.01~1.33μmol/g),第 13 天达到峰值(1.33μmol/g)。NO 与 H_2O_2 比值在第 3 天最大(4.28),在其他培养天数下 NO 与 H_2O_2 比值均小于 1(即 H_2O_2 释放量高于 NO,图 11-3)。

H_2O_2 处理的细胞内 NO 含量整体上高于对照(图 11-1),总体趋势与对照相似,分别在第 3 天和第 15 天达到峰值(均显著高于对照,分别是对照的 3.67 倍和 12.94 倍)。细胞内 H_2O_2 含量在体细胞胚诱导培养的前期(第 3~9 天)大量暴发(0.12~0.96μmol/g),高于对照;随着培养时间延长,H_2O_2 含量急速降低,低于对照(图 11-2)。在培养过程中,NO 和 H_2O_2 比值始终高于对照,其中第 3 天(10.72)和第 15 天(10.69)时最高,分别是对照的 2 倍以上和 10 倍以上(图 11-3)。只有培养第 7 天和第 9 天的 NO 和 H_2O_2 比值小于 1,其他培养天数比值均大于 1(即 NO 释放量高于 H_2O_2)。

CAT 处理的细胞内 NO 含量在培养的第 3 天处于较低水平(0.15μmol/g),低于对照(图 11-1),第 7~13 天时则高于对照,在第 7 天(0.43μmol/g)和第 13 天(0.32μmol/g)时分别达到峰值,培养第 15~19 天逐渐降低略低于对照。第 19 天时其含量降低为 0.15μmol/g。细胞内 H_2O_2 含量在培养的第 3~9 天(0.03~0.12μmol/g)低于对照(0.08~0.95μmol/g),在较低范围内浮动(图 11-2)。第 13 天时急速上升(但仍低于对照),当第 15 天时(外植体发生初步褐化),细胞内 H_2O_2 大量释放(1.83μmol/g)。NO 和 H_2O_2 比值在培养的第 3 天(4.50)、第 7 天(13.05)和第 9 天(2.65)时最高且比值均大于 1(即 NO 释放量高于 H_2O_2),以后逐渐下降(比值均小于 1,其中第 15 天比值最低)(图 11-3)。

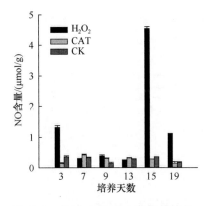

图 11-1　外源 H_2O_2 对水曲柳外植体
细胞内 NO 含量的影响

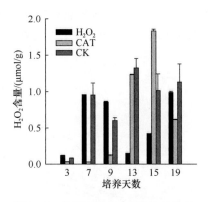

图 11-2　外源 H_2O_2 对水曲柳外植体
细胞内 H_2O_2 含量的影响

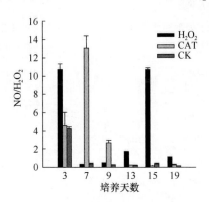

图 11-3　外源 H_2O_2 对水曲柳外植体细胞内 NO/H_2O_2 的影响

综上所述，培养初期（第 3～9 天），H_2O_2 处理促进内源 H_2O_2 积累，CAT 处理抑制内源 H_2O_2 积累。培养后期（第 15～19 天），H_2O_2 处理抑制内源 H_2O_2 积累，促进内源 NO 积累；CAT 处理促进内源 H_2O_2 积累，抑制内源 NO 积累。

11.2.2　ROS 相关酶活性变化

随着培养时间的延长，POD 活性呈逐渐增加趋势（图 11-4）。H_2O_2 处理的 POD 活性在培养的第 3～7 天极显著低于对照（$P<0.01$）。随着水曲柳早期原胚的产生，培养的第 9～19 天 POD 活性逐渐增强，极显著高于对照（$P<0.01$），第 19 天时达到峰值[1994.66U/（g·min），是对照的 2 倍]。PPO 活性在培养的第 3～7 天急速增加，第 7 天达到小高峰 [35.46U/（g·min）]（图 11-5），极显著高于对照和 CAT 处理（$P<0.01$）。之后略微降低后逐渐增加，第 13 天时达到最大峰值 [58.90U/（g·min）]，比对照高 38.70%。之后急速降低后逐渐增加，第 19 天时 PPO 活性值为 41.29U/（g·min），极显著高于 CAT 处理（$P<0.01$）。SOD 活性随

培养时间的延长呈逐渐增加趋势（图 11-6），极显著高于对照（$P<0.01$），其中培养的第 19 天达到最大 [1214.17U/（g·min）]。

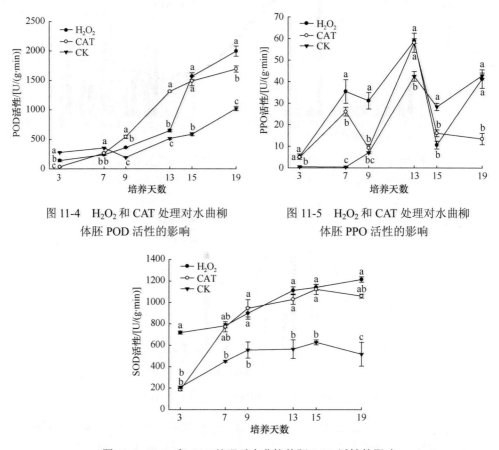

图 11-4　H_2O_2 和 CAT 处理对水曲柳
体胚 POD 活性的影响

图 11-5　H_2O_2 和 CAT 处理对水曲柳
体胚 PPO 活性的影响

图 11-6　H_2O_2 和 CAT 处理对水曲柳体胚 SOD 活性的影响

　　CAT 处理的 POD 活性在培养的第 3 天时极显著低于对照（$P<0.01$）（图 11-4）。之后 POD 活性逐渐增加，培养第 9～19 天极显著高于对照（$P<0.01$），其中第 19 天达到峰值 [1692.81U/（g·min），比对照高 65.74%]（该时期是早期原胚产生阶段）。PPO 活性趋势与 H_2O_2 处理相似（图 11-5），第 7 天达到第 1 个小高峰 [26.05U/（g·min）]，极显著高于对照（$P<0.01$）（该时期为外植体初步褐化时期）。第 13 天时达到最大峰值 [58.08U/（g·min），比对照高 36.79%]（外植体进一步褐化）。培养第 15～19 天时急速下降，第 19 天时 PPO 活性降低为 13.45U/（g·min）。SOD 活性在培养第 3～15 天呈逐渐增加的趋势（图 11-6），第 9 天时活性增强，培养第 13～19 天在较高范围内浮动 [1028.61～1122.64U/（g·min）]，第 15 天达到最大 [1122.64U/（g·min），是对照的 2 倍但略低于 H_2O_2 处理]，极显著高于对照（$P<0.01$）。

综上所述，H$_2$O$_2$ 和 CAT 处理均对 SOD 活性有促进作用，SOD 活性大小顺序为 H$_2$O$_2$ 处理>CAT 处理>CK。培养第 9~13 天时，POD 活性大小顺序为 CAT 处理>H$_2$O$_2$ 处理>CK，PPO 活性大小顺序为 H$_2$O$_2$ 处理>CAT 处理>CK；培养第 15~19 天时，POD 活性大小顺序为 H$_2$O$_2$ 处理>CAT 处理>CK，两种处理的 PPO 活性均低于对照。

11.2.3　NO 相关酶活性变化

随培养时间的延长，H$_2$O$_2$ 处理的 NOS 活性逐渐降低（图 11-7）。第 3 天时 NOS 活性较高(0.14U/mg，是对照的 2 倍)，极显著高于 CAT 处理和对照($P<0.01$)。之后在培养第 9~15 天逐渐降低，低于对照和 CAT 处理。第 19 天时 NOS 活性增加（大量原胚形成时期），极显著高于对照和 CAT 处理（$P<0.01$）。其 NR 活性在培养的第 7 天（21.43U/mg）和第 9 天（19.68U/mg）分别达到峰值，均高于对照（图 11-8）。培养第 13~19 天急速降低，处于较低水平浮动（1.41~5.46U/mg），低于对照。

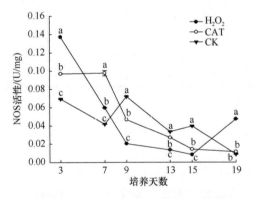

图 11-7　H$_2$O$_2$ 和 CAT 处理对水曲柳体胚发生 NOS 活性的影响

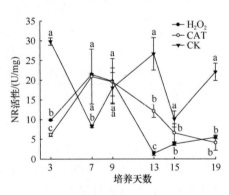

图 11-8　H$_2$O$_2$ 和 CAT 处理对水曲柳体胚 NR 活性的影响

随培养时间的延长，CAT 处理的 NOS 活性趋势与 H$_2$O$_2$ 处理相似（图 11-7）。培养第 3~7 天缓慢升高，其中第 7 天时活性达到最高（0.10U/mg），极显著高于对照（$P<0.01$）。培养第 9~15 天时的 NOS 活性急速降低，低于对照但高于 H$_2$O$_2$ 处理。其 NR 活性呈先增加后降低的趋势（图 11-8）。第 7 天（20.90U/mg）和第 9 天（19.53U/mg）达到峰值，高于正常体细胞胚诱导程序。之后培养第 9~19 天逐渐降低，低于正常体细胞胚诱导程序。

综上所述，在体细胞胚诱导的初期，两种处理均提高了 NOS 和 NR 活性；在体细胞向胚性细胞转化时期，NOS 和 NR 活性降低了。

11.2.4 相关性分析

水曲柳正常体细胞胚诱导程序中，H_2O_2 含量与 PPO 活性呈显著正相关（表 11-1）。NO/H_2O_2 与 SOD 活性呈极显著负相关。PCD 与 SOD、PPO 活性呈极显著负相关，与 POD 活性呈显著负相关。SOD 活性与 POD、PPO 活性呈极显著正相关，与 NOS 活性呈显著负相关。POD 活性与 PPO 活性呈极显著正相关，与 NOS 活性呈极显著负相关。PPO 活性与 NOS 活性呈极显著负相关。其他指标间相关性差异均不显著（$P>0.05$）。

表 11-1 正常水曲柳体细胞胚诱导程序下各指标间相关性分析

指标	H_2O_2 含量	NO 含量	NO/H_2O_2	PCD	SOD 活性	POD 活性	PPO 活性	NOS 活性	NR 活性
H_2O_2 含量	1								
NO 含量	0.294	1							
NO/H_2O_2	−0.381	0.412	1						
PCD	−0.282	0.469	0.522	1					
SOD 活性	0.302	−0.382	−0.855**	−0.752**	1				
POD 活性	0.129	−0.254	−0.371	−0.610*	0.594*	1			
PPO 活性	0.605*	−0.236	−0.533	−0.747**	0.649*	0.827**	1		
NOS 活性	−0.284	0.117	0.541	0.442	−0.633*	−0.927**	−0.807**	1	
NR 活性	0.059	−0.130	0.538	0.038	−0.487	0.056	0.171	0.109	1

*代表相关性达到显著水平（$P<0.05$），**代表相关性达到极显著水平（$P<0.01$）

外源添加 H_2O_2 处理中（表 11-2），H_2O_2 含量与 NO/H_2O_2 呈极显著负相关。NO 含量与 PPO 活性呈显著负相关，与 NO/H_2O_2 呈极显著正相关。NO/H_2O_2 与 PPO 活性呈极显著负相关。SOD 活性与 POD 活性呈极显著正相关，与 NOS 活性呈极显著负相关，与 NR 呈显著负相关。其他指标间相关性差异均不显著（$P>0.05$）。

表 11-2 外源 H_2O_2 处理水曲柳体细胞胚胎发生中各指标间相关性分析

指标	H_2O_2 含量	NO 含量	NO/H_2O_2	PCD	SOD 活性	POD 活性	PPO 活性	NOS 活性	NR 活性
H_2O_2 含量	1								
NO 含量	−0.236	1							
NO/H_2O_2	−0.655*	0.759**	1						
PCD	0.216	0.334	0.336	1					
SOD 活性	0.107	0.335	−0.157	−0.239	1				
POD 活性	0.265	0.496	0.040	0.212	0.861**	1			
PPO 活性	0.161	−0.585*	−0.789**	−0.553	0.456	0.082	1		
NOS 活性	−0.240	−0.191	0.385	0.478	−0.732**	−0.407	−0.569	1	
NR 活性	0.559	−0.425	−0.387	0.105	−0.660*	−0.573	−0.147	0.189	1

*代表相关性达到显著水平（$P<0.05$），**代表相关性达到极显著水平（$P<0.01$）

外源清除 H$_2$O$_2$ 的 CAT 处理中（表 11-3），H$_2$O$_2$ 含量与 POD 活性呈极显著正相关，与 NOS 活性呈极显著负相关，与 NO/H$_2$O$_2$ 呈显著负相关。NO 含量与 NR 活性呈显著正相关。NO/H$_2$O$_2$ 和 POD 活性呈极显著负相关，与 NOS 活性呈极显著正相关。PCD 与 PPO 活性呈极显著正相关。SOD 活性与 POD 活性呈极显著正相关，与 NOS 活性呈极显著负相关。POD 活性与 NOS 活性呈极显著负相关。其他指标间相关性均不显著（$P>0.05$）。

表 11-3　CAT 处理水曲柳体细胞胚胎发生中各指标间相关性分析

指标	H$_2$O$_2$含量	NO 含量	NO/H$_2$O$_2$	PCD	SOD 活性	POD 活性	PPO 活性	NOS 活性	NR 活性
H$_2$O$_2$ 含量	1								
NO 含量	0.015	1							
NO/H$_2$O$_2$	−0.629[*]	0.557	1						
PCD	−0.184	0.334	0.035	1					
SOD 活性	0.559	0.377	−0.367	0.568	1				
POD 活性	0.740[**]	−0.226	−0.721[**]	0.314	0.745[**]	1			
PPO 活性	−0.007	0.485	0.031	0.911[**]	0.553	0.291	1		
NOS 活性	−0.753[**]	0.225	0.839[**]	−0.257	−0.773[**]	−0.952[**]	−0.221	1	
NR 活性	−0.390	0.706[*]	0.533	0.357	0.175	−0.445	0.409	0.379	1

* 代表相关性达到显著水平（$P<0.05$），** 代表相关性达到极显著水平（$P<0.01$）

11.3　讨　　论

11.3.1　外源 H$_2$O$_2$ 对内源 H$_2$O$_2$ 代谢的影响

H$_2$O$_2$ 作为诱发 PCD 发生的最重要的信号分子，广泛参与植物体内的各种生理过程并发挥着重要的作用，如植物的生长发育、衰老、防御反应以及植物的抗逆性等。本研究表明，由高糖诱导的水曲柳体细胞胚胎发生中，随着培养时间的延长，伴随着大量原胚的产生，外植体发生褐化，细胞内 H$_2$O$_2$ 大量积累。其中培养第 3～9 天，外源增加 H$_2$O$_2$ 促进外植体细胞内 H$_2$O$_2$ 的积累，反之则抑制。说明外源增加（或清除）细胞内 H$_2$O$_2$ 含量，能够在培养的最短时间内有效改变内源外植体细胞内 H$_2$O$_2$ 含量。正常情况下，活性氧在植物体内的含量长期处于动态平衡的状态，当植物受到外界刺激或环境胁迫时，将打破这种平衡，造成有机体的氧化损伤。因此，为了使植物体内 ROS 趋于稳态，植物在进化过程中，衍生出了一种严格而又复杂的酶/非酶防御 ROS 系统，在活性氧代谢调节系统中酶清除系统起着重要作用（张怡和路铁刚，2011）。李金亭等（2012）的研究发现，外源 H$_2$O$_2$ 处理可使在盐胁迫下小麦叶片中 SOD、POD、CAT 和 APX 活性显著提高。在高糖诱导的水曲柳体细胞胚胎发生中，随培养时间延长 H$_2$O$_2$ 在细胞内逐渐积累，提高了 POD、SOD、PPO 活性。说明 3 种酶（POD、SOD、PPO）在水曲柳体细胞胚胎发生中为维持细胞内 ROS 的稳态，为缓解低氧或高氧胁迫造成的伤害发挥着重要的作用。

超氧化物歧化酶（SOD）作为植物抗氧化系统的第一道防线，清除细胞内多余的超氧阴离子，生成 H_2O_2 和 O_2。其活性的高低可以直观反映出植物体内衰老与死亡的情况。此外有研究表明，SOD 与 O_2^- 和 H_2O_2 之间的关系决定着细胞分化能力，在刺五加的研究中，随着胚性细胞的诱导，SOD 活性呈逐渐升高趋势，能够促进胚性细胞的分化和发育。本研究中也发现此类似现象，随水曲柳体细胞胚胎发生培养时间的延长，SOD 活性始终呈逐渐升高趋势，可能与水曲柳体细胞胚的增殖与分化有关。此外，发现 SOD 活性与 POD、PPO 及 NOS 活性有关，并且与 NO/H_2O_2 和 PCD 呈极显著负相关。说明在水曲柳体细胞胚胎发生中，SOD 作为重要的防御性酶，能够与多种酶相互作用，共同调控细胞内 NO/H_2O_2 的平衡，进而介导了 PCD 的发生。外源添加或清除 H_2O_2 含量均提高了 SOD 活性，而 H_2O_2 处理对提高 SOD 活性更明显。可见，外源 H_2O_2 处理可以提高 SOD 活性，增强了水曲柳外植体细胞内清除 O_2^- 的能力，使细胞内 H_2O_2 大量积累，最终诱导 PCD 的发生。

过氧化物酶（POD）被认为具有双重作用，既能够将 O_2^- 转化为 H_2O_2，又能参与 H_2O_2 的清除过程（Šimonovičová et al.，2004）。本研究表明，培养第 3～13 天时，POD 活性大小顺序为 CAT 处理>H_2O_2 处理>CK；培养第 15～19 天时，POD 活性大小顺序为 H_2O_2 处理>CAT 处理>CK。在体细胞胚诱导初期，CAT 处理下使内源 H_2O_2 的含量降低，而 H_2O_2 处理使内源 H_2O_2 含量增加，随着培养时间的延长，细胞内 H_2O_2 大量积累，两种处理都需要提高 POD 活性清除细胞内多余的 H_2O_2。POD 可能与 ROS 和亚硝酸盐的降低有关（Wood et al.，2003）。本研究相关分析表明，POD 活性与 SOD、PPO 及 NOS 活性有关，在水曲柳体细胞胚胎发生中，POD 能够直接或间接调控细胞内 NO 和 H_2O_2 含量。

多酚氧化酶（PPO）是一种在植物体内普遍存在的末端氧化酶，其活性高低可反应抗氧化能力和植物受胁迫伤害程度。此外有学者认为 PPO 和 POD 作用于底物酚类物质是引起植物组织培养中产生褐变现象的主要原因（Chisari et al.，2008）。在水曲柳体细胞胚胎发生中，随着培养时间的延长，PPO 活性整体上呈先增加后降低的趋势，均在第 13 天达到峰值，此时正处于大量体细胞向胚性细胞转化的阶段，已有部分外植体发生褐化。发现 PPO 活性与外植体细胞发生 PCD 有关。外源添加或清除 H_2O_2 含量，培养第 3～13 天时，PPO 活性大小顺序为 H_2O_2 处理>CAT 处理>CK；培养第 15～19 天时，两种处理活性均低于对照。说明外植体细胞内 H_2O_2 含量的改变与 PPO 活性有关，水曲柳外植体细胞 PCD 的发生可能与 PPO 活性的提高，促使外植体发生褐化有关。

11.3.2 外源 H_2O_2 对内源 NO 合成和代谢的影响

NO 和 H_2O_2 是植物体内两种重要的信号转导分子，在次生代谢调控（Chisari et al.，2008）和缓解植物免受环境胁迫（马晓丽和冀瑞萍，2016）及植物发生细胞程序性死亡等过程中，二者之间存在着特殊的信号互作现象。外源 H_2O_2 的改变会影响细胞内 NO 含量和相关酶活性的改变。在长春花上的研究中发现（Chisari et al.，2008），外源添加 H_2O_2 促进细胞内 NO 和 H_2O_2 的积累；添加氧化氢抑制剂，可以抑制细胞的 NO 及 H_2O_2 合成积累。本研究表明，培养初期（第 3～9 天），H_2O_2 处理提高了内源 H_2O_2 含量，CAT 处理降低了内源 H_2O_2 含量，两种处理均提高了一氧化氮合酶的活性，但内源 NO 的暴发时间各不相同。CAT 处理下的 NO 在培养初期（第 7～9 天）暴发，内源 NO 高于 H_2O_2 的释放量，通过 NO 含量的改变提高细胞内 H_2O_2 含量，在培养后期（第 13～19 天），一氧化氮合酶活性降低，细胞内 NO 含量降低，提高了细胞内 H_2O_2 的含量，缓解了低氧胁迫对细胞造成伤害。H_2O_2 处理下的 NO 在培养后期（第 15～19 天）暴发，内源 NO 高于 H_2O_2 的释放量，通过 NO 含量的改变降低细胞内 H_2O_2 含量的积累，缓解了高氧化胁迫对细胞造成伤害，使细胞内 H_2O_2 在培养后期（第 13～19 天）降低。可见，NO 和 H_2O_2 在水曲柳体细胞胚胎发生中的代谢网络是相当复杂的。推测 NO 可能位于 H_2O_2 上游，通过调控相关抗氧化酶和一氧化氮合酶活性，调节内源 H_2O_2 含量，保持水曲柳外植体细胞内 NO/H_2O_2 的平衡，缓解低氧或高氧胁迫造成的伤害。

11.4 本 章 结 论

本章通过外源改变 H_2O_2 含量，分析了其对水曲柳外植体细胞内 H_2O_2 和 NO 合成和代谢的影响，结果表明：外源 H_2O_2 处理促进了细胞内 NO 和 H_2O_2 合成积累；CAT 处理抑制了细胞的 NO 及 H_2O_2 合成积累。两种处理均提高了 SOD 活性，SOD 活性大小顺序为 H_2O_2 处理>CAT 处理>CK。培养第 9～13 天时，POD 活性大小顺序为 CAT 处理>H_2O_2 处理>CK，PPO 活性大小顺序为 H_2O_2 处理>CAT 处理>CK；培养第 15～19 天时，POD 活性大小顺序为 H_2O_2 处理>CAT 处理>CK，两种处理的 PPO 活性均低于对照。培养第 3～9 天，两种处理均提高了 NOS 和 NR 活性；培养第 13～19 天，两种处理均降低了 NOS 和 NR 活性。NO 可能位于 H_2O_2 上游，通过调控相互抗氧化酶和一氧化氮合酶活性，调节内源 H_2O_2 含量，保持水曲柳外植体细胞内 NO/H_2O_2 的平衡，缓解低氧或高氧胁迫造成的伤害。

参 考 文 献

韩君. 2007. 刺五加体细胞胚的重复发生和抗氧化酶活性研究. 哈尔滨: 东北林业大学硕士学位

论文.

李金亭, 赵萍萍, 邱宗波, 等. 2012. 外源 H_2O_2 对盐胁迫下小麦幼苗生理指标的影响. 西北植物学报, 32(9): 1796-1801.

马晓丽, 冀瑞萍. 2016. 一氧化氮作为过氧化氢下游信号分子参与调节白菜幼苗对镉胁迫的耐受性. 中国细胞生物学学报, 38(1): 53-59.

徐茂军, 董菊芳. 2008. 一氧化氮和过氧化氢在介导长春花细胞生物碱合成中的相互作用. 自然科学进展, 18(12): 1386-1397.

张怡, 路铁刚. 2011. 植物中的活性氧研究概述. 生物技术进展, 1(4): 242-248.

Chisari M, Barbagallo R N, Spagna G. 2008. Characterization and role of polyphenol oxidase and peroxidase in browning of fresh-cut melon. Journal of Agricultural and Food Chemistry, 56(1): 132-138.

Šimonovičová M, Huttová J, Mistrík I, et al. 2004. Root growth inhibition by aluminum is probably caused by cell death due to peroxidase-mediated hydrogen peroxide production. Protoplasma, 224(1): 91-98.

Wood Z A, Poole L B, Karplus P A. 2003. Peroxiredoxin evolution and the regulation of hydrogen peroxide signaling. Science, 300(5619): 650-653.

12 外源 NO 对外植体细胞死亡和体细胞胚胎发生的影响

本章通过预先用 SNP 熏蒸外植体和外源添加 PTIO 对水曲柳外植体进行培养，研究外源 NO 对细胞内 H_2O_2 含量、细胞内 NO 含量和细胞总死亡量的影响，分析其对体细胞胚胎发生的作用机理，探讨 H_2O_2 和 NO 是如何相互作用而调控细胞死亡的，研究结果可为改善水曲柳体细胞胚的质量和数量提供新的生物技术手段和可靠的理论依据，对了解植物胚胎发育中 PCD 事件的关键信号和其调控机理具有重要的意义。

12.1 材料与方法

12.1.1 试验材料

分别用 100μmol/L SNP 和 100μmol/L PTIO 处理水曲柳成熟合子胚，以未经处理的合子胚为对照，进行诱导培养。从诱导培养的第 1～21 天，每隔 2 天间断取材。

12.1.2 试验方法

12.1.2.1 细胞总死亡量检测

同 8.1.2.2。

12.1.2.2 细胞内 H_2O_2 含量测定

同 8.1.2.1。

12.1.2.3 细胞内 NO 含量测定

同 10.1.2.3。

12.1.3 数据统计与分析

采用 Excel 2003 软件进行数据处理，并用 SPSS 17.0 软件进行方差分析和邓肯氏多重比较。

12.2 结果与分析

12.2.1 细胞总死亡量分析

从第 1～5 天，对照组的细胞总死亡量缓慢增加，在第 7 天增幅略增加，在第 11 天急速增加出现一个峰值（此时外植体的褐化程度显著加深），第 13 天急速减小之后，无明显变化。SNP 处理的细胞总死亡量从第 1～5 天缓慢增加，之后大体在一个较低水平附近浮动，第 7 天出现最高值，但略高于对照组，说明短期 SNP 处理没有减少外植体细胞总死亡量。PTIO 处理的细胞总死亡量从第 1 天开始缓慢增加，在第 5 天急速增加，并出现一个峰值，缓慢减少到第 11 天之后趋于平稳，从第 19 天开始又略有减少。PTIO 处理的峰值低于对照组，并先于对照组出现。说明 PTIO 处理可减少外植体细胞总死亡量，并使大量细胞提前死亡。SNP 处理的最高值小于 PTIO 处理的峰值，并且晚于 PTIO 处理的峰值出现，说明 SNP 处理对外植体细胞死亡的抑制作用要强于 PTIO 处理（图 12-1）。

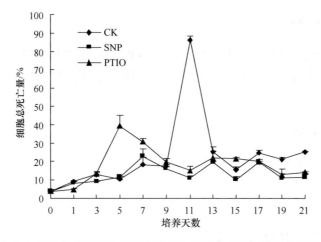

图 12-1　NO 对水曲柳体细胞胚胎发生过程中细胞总死亡量的影响

12.2.2 细胞内 H_2O_2 含量分析

对照组细胞内 H_2O_2 含量在第 1～5 天内无明显变化，从第 7 天开始增加，出现第 1 个峰值（0.95μmol/g）（外植体开始出现褐化现象），第 9 天小幅度减小后，从第 11 天开始又大幅度增加，之后增加速度缓慢，在第 15 天略微减小后在第 17 天时又出现第 2 个峰值（1.45μmol/g），之后略减小。第 11～21 天总体上处在较高水平，此阶段外植体褐化加深并处在胚性细胞向体细胞胚分化阶段（图 12-2）。

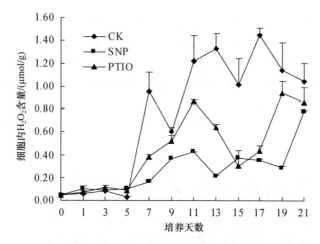

图 12-2　NO 对水曲柳体细胞胚胎发生过程中细胞内 H_2O_2 含量的影响

　　SNP 处理的第 1～7 天，细胞内 H_2O_2 含量无明显变化，第 9 天开始大幅度的增加，随后整体上呈现增加趋势，在第 11 天出现一个最高值（0.42μmol/g），但整体上依然处于较低的水平，在第 21 天又急速增加出现最大值（0.78μmol/g），但依然低于对照组，此时开始出现球形胚。说明 SNP 处理抑制细胞内 H_2O_2 的产生，减少细胞内 H_2O_2 含量，使其拖延至球形胚出现时期才开始大量暴发（图 12-2）。

　　PTIO 处理的第 1～5 天，细胞内 H_2O_2 含量无明显变化，第 7 天开始大幅度增加，直到第 11 天出现第 1 个峰值（0.87μmol/g），此时外植体褐化程度加深，之后急速减小直到第 15 天，第 17 天略有增加，第 19 天时又急速增加出现第 2 个峰值（0.94μmol/g），随后缓慢减小，但依然处于较高水平，此阶段开始有球形胚出现。与对照相比，两个峰值均小于对照组的峰值，并分别晚于对照组的两个峰值出现。说明 PTIO 抑制细胞内 H_2O_2 的产生，减少细胞内 H_2O_2 含量，延迟细胞内 H_2O_2 的暴发（图 12-2）。

　　与 PTIO 相比，SNP 只在球形胚出现时有 1 次细胞内 H_2O_2 大量暴发，其暴发量均小于 PTIO 的 2 次暴发。说明相比 PTIO 处理，SNP 处理对细胞内 H_2O_2 的抑制作用更强（图 12-2）。

12.2.3　细胞内 NO 含量分析

　　对照组的细胞内 NO 含量，从第 1～3 天缓慢增加，在第 5 天出现一个峰值（0.81μmol/g），第 7 天急速减小，之后无明显变化（图 12-3）。

　　SNP 处理的细胞内 NO 含量从第 3 天便急速增加，即从第 3 天开始大量暴发，但在第 3～5 天内增速缓慢，在第 7 天时出现第 1 个峰值（1.26μmol/g），此时外植体轻度褐化，从第 3～7 天总体上处在一个较高水平，在第 9 天时急速减小到最低，之后缓慢增加到第 17 天，并在第 19 天时急速增加出现第 2 个峰值

（1.63μmol/g），随后略有减小，但含量依然很高，此时外植体表面有球形胚出现，处在胚性细胞向球形体细胞胚分化的阶段。与对照相比，SNP 处理的 2 个峰值均高于对照组，并且细胞内 NO 暴发先于对照组。说明 SNP 处理可增加细胞内 NO 含量，促使细胞内 NO 暴发提前，另外引起了发生在球形胚出现时期的第 2 次暴发，并且暴发量最大（图 12-3）。

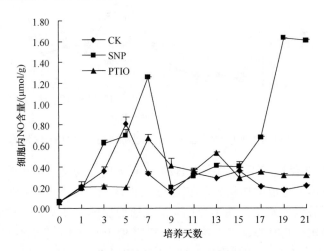

图 12-3　NO 对水曲柳体细胞胚胎发生过程中细胞内 NO 含量的影响

PTIO 处理的细胞内 NO 含量从第 1～5 天没有明显变化，在第 7 天时急剧增加出现第 1 个峰值（0.67μmol/g），此时外植体开始轻度褐化，随后缓慢减小，总体呈下降趋势，但在第 13 天时又出现第 2 个小峰值（0.53μmol/g），此时外植体边缘有略微的突起，处于胚性细胞向球形体细胞胚分化的阶段。与对照相比，PTIO 处理的 2 个峰值均低于对照组，并且细胞内 NO 暴发晚于对照组。说明 PTIO 处理可减小细胞内 NO 含量，拖延细胞内 NO 的暴发（图 12-3）。

12.3　讨　　论

植物 PCD 是由细胞内部基因控制的一种细胞自杀性死亡。植物细胞发生 PCD 时受到多种内部信号的调控，除大量关于 ROS 诱导 PCD 发生的研究外，在多种植物中 NO 作为信号转导物质参与植物 PCD 的过程也被报道，如拟南芥（Garcês et al.，2001）、大豆（Delledonne et al.，2001）、烟草（De Pinto et al.，2002）、大叶落地生根（*Kalanchoe daigremontiana*）（Pedroso et al.，2000）等。在证明水曲柳体细胞胚胎发生过程中的外植体细胞死亡伴有细胞内 NO 积累的基础上，为了探讨细胞内产生的 NO 对细胞死亡是否有影响，试验中采用 SNP 和 PTIO 分别处理水曲柳外植体以增加细胞内 NO 含量和清除细胞内的 NO，研究 NO 对细胞内 H_2O_2 生成和细胞死亡的影响，探讨 NO 与 H_2O_2 的关系及其在细胞死亡中的作用。

在镉诱导的拟南芥细胞死亡之前，不仅有 NO 迅速增加，还有 H_2O_2 的产生，而 NO 合成抑制剂则阻止了 H_2O_2 及细胞死亡率的增加，这表明镉诱导的细胞死亡需要 NO 的参与（De Michele et al.，2009）。大麦（Rodríguez-Serrano et al.，2012）的悬浮细胞经 NO 清除剂（cPTIO）处理后也出现了细胞死亡比例减少的现象。本研究也出现了类似的现象，在正常情况下，水曲柳外植体在高浓度蔗糖胁迫诱导的体细胞胚胎发生过程中出现了细胞内 H_2O_2 和 NO 含量的增加及细胞的大量死亡，而用来清除 NO 的外源 PTIO 处理不仅抑制了细胞内 NO 的生成，还抑制了细胞内 H_2O_2 的生成和减少了细胞总死亡量。这表明 NO 参与了高浓度蔗糖胁迫诱导的水曲柳外植体细胞内 H_2O_2 生成和细胞死亡过程。也解释了第 3 章 3.2.4 节中得出的 PTIO 抑制水曲柳体细胞胚胎发生的结论。

NO 在植物中的调控作用根据其浓度和植物种类不同具有二元性。低浓度的 NO 可以作为一种抗氧化剂，缓解氧化胁迫；而高浓度的 NO 则对细胞产生毒性。干旱胁迫下，低浓度 SNP 可提高小麦幼苗叶片抗氧化酶活性，缓解膜脂过氧化程度，但随着 SNP 浓度的提高，其缓解作用逐渐降低，甚至加剧膜透性增加（李慧等，2010）。用 NO 供体处理受到胁迫的大麦悬浮细胞导致了更多的细胞死亡（Rodríguez-Serrano et al.，2012）。但是在本试验中，用 100μmol/L SNP 处理水曲柳外植体后，促进了细胞内 NO 的生成，却抑制了细胞内 H_2O_2 的生成并减少了细胞总死亡量。原因之一可能是 NO 的增加调节了 ROS 代谢酶活性导致的。另一个可能的原因是，水曲柳外植体内源 NO 含量虽然经 SNP 处理后增加了，但依然低于超氧化物的含量，抑制了细胞死亡。Delledonne 等（2001）研究发现，虽然 NO 本身不能引起大豆细胞发生 PCD，但 NO 与超氧化物的比值可能决定 PCD；当超氧化物的水平高于 NO 时，NO 与超氧化物反应生成过亚硝酸，过亚硝酸不引起 PCD；当 NO 的量大于超氧化物时，NO 与超氧化物歧化作用生成的 H_2O_2 反应，引起细胞死亡。虽然 SNP 处理后细胞总死亡量减少，但水曲柳体细胞胚胎发生率却增加，可能由于细胞内 NO 含量增加导致了 PCD 细胞/死亡细胞值增加，并且 PCD 细胞总量大于未经 SNP 处理的外植体 PCD 细胞总量。因此需要做进一步的试验验证 PCD 发生情况，探讨 NO 与 PCD 的关系。

植物细胞中不存在专一的 NO 受体，许多细胞活性都被 NO 调节。已知 NO 的细胞内信号包括 cGMP 和环腺苷二磷酸核糖（cyclic ADP-ribose）的产生以及细胞质 Ca^{2+} 浓度的增加（程红焱和宋松泉，2005）。cGMP 的合成对于 NO 诱导拟南芥细胞死亡是必要非充分条件（Clarke et al.，2000）。虽然高浓度蔗糖胁迫诱导的水曲柳体细胞胚胎发生过程中的细胞死亡确实与产生的 NO 有关，但对其作用机理和信号转导途径还不确定。在本研究中，水曲柳细胞内 NO 对细胞内 H_2O_2 的调控作用及受到细胞内 NO 调控后得到的细胞内 H_2O_2 和细胞总死亡量相同的变化趋势，支持了在由高浓度蔗糖胁迫诱导的水曲柳体细胞胚胎发生信号网络中，NO 作为 H_2O_2 的上游信号分子通过调节细胞内 H_2O_2 含量来参与调控细胞死亡的进程，进而支持了细胞死亡与 H_2O_2 的关系比与 NO 的关系更密切。

本研究阐述了细胞内 H_2O_2 和 NO 均参与了调节水曲柳外植体细胞死亡的过程，但仍然不清楚它们是如何进行调节的。通过对烟草全基因组 cDNA 扩增片段长度多态性分析，发现至少有 7 个转录因子相互上调表达，说明 H_2O_2 和 NO 信号途径中有很大的重叠部分，并发现了一些在 PCD 诱导中受 H_2O_2 和 NO 共同作用的靶基因（Clarke et al., 2000）。在研究大豆超敏反应期间发现，NO 与 ROS 协同作用促进细胞死亡，而 NO 的单独作用对细胞活力影响很小（Delledonne et al., 2001）。在烟草 BY-2 细胞中，低浓度的 NO 或 H_2O_2 单独作用均不能引起 PCD，但 H_2O_2 和 NO 共同处理诱导了大量具有 PCD 特征的细胞死亡（De Pinto et al., 2002）。然而在拟南芥细胞悬浮培养中也发现，当 NO 供体所释放的 NO 浓度接近由非病原性病原体侵染细胞时所产生的浓度时，NO 能够独立于 ROS，其本身就是一个信号分子，单独诱导细胞死亡。在本研究中，经外源 H_2O_2 和 NO 处理，水曲柳细胞内 H_2O_2 和 NO 可以相互调节彼此含量的消长，同时两者对细胞死亡的诱导分别有不同的影响，说明在水曲柳体细胞胚胎发生过程中，细胞内 H_2O_2 和 NO 可能作为信号因子通过相互交织来形成信号转导网络，共同作用参与诱导细胞死亡。然而，虽然增加或清除水曲柳外植体细胞内 H_2O_2 和 NO 含量对彼此含量的调节作用不同，但对细胞总死亡量的调节作用相同，可能是由于 H_2O_2 和 NO 的信号转导途径不同导致的。H_2O_2 和 NO 作为水曲柳体细胞胚胎发生中 PCD 的关键信号是怎样将其信号传递到相邻细胞的还不确定，需要进一步在分子水平和细胞器水平上分析其转导途径。

12.4　本 章 结 论

SNP 处理外植体抑制了细胞死亡，细胞总死亡量减少；抑制了细胞内 H_2O_2 的产生，细胞内 H_2O_2 含量减少；但促进了细胞内 NO 的产生，细胞内 NO 含量增加。PTIO 同样抑制了细胞死亡，细胞总死亡量减少；抑制了细胞内 H_2O_2 的产生，细胞内 H_2O_2 含量减少；也抑制了细胞内 NO 的产生，细胞内 NO 含量减少。说明 NO 参与了高浓度蔗糖胁迫诱导的水曲柳外植体细胞内 H_2O_2 生成和细胞死亡过程，但由于细胞内 NO 含量不同，其诱导的 PCD 细胞/死亡细胞值也有所不同，导致了不同的体细胞胚胎发生结果。

参 考 文 献

程红焱, 宋松泉. 2005. 植物一氧化氮生物学的研究进展. 植物学通报, 22(6): 723-737.

李慧, 张倩, 王金科, 等. 2010. 外源 NO 对干旱胁迫下小麦幼苗抗氧化酶活性的影响. 江西农业学报, 12: 1-3.

Clarke A, Desikan R, Hurst R D, et al. 2000. NO way back: nitric oxide and programmed cell death in

Arabidopsis thaliana suspension cultures. The Plant Journal, 24(5): 667-677.

De Michele R, Vurro E, Rigo C, et al. 2009. Nitric oxide is involved in cadmium-induced programmed cell death in *Arabidopsis* suspension cultures. Plant Physiology, 150(1): 217-228.

De Pinto M C, Tommasi F, De Gara L. 2002. Changes in the antioxidant systems as part of the signaling pathway responsible for the programmed cell death activated by nitric oxide and reactive oxygen species in tobacco bright-yellow 2 cells. Plant Physiology, 130(2): 698-708

Delledonne M, Zeier J, Marocco A, et al. 2001. Signal interactions between nitric oxide and reactive oxygen intermediates in the plant hypersensitive disease resistance response. Proceedings of the National Academy of Sciences of the United States of America, 98(23): 13454-13459.

Garcês H, Durzan D, Pedroso M C. 2001. Mechanical stress elicits nitric oxide formation and DNA fragmentation in *Arabidopsis thaliana*. Annals of Botany, 87(5): 567-574.

Pedroso M C, Magalhaes J R, Durzan D. 2000. A nitric oxide burst precedes apoptosis in angiosperm and gymnosperm callus cells and foliar tissues. Journal of Experimental Botany, 51(347): 1027-1036.

Rodríguez-Serrano M, Bárány I, Prem D, et al. 2012. NO, ROS, and cell death associated with caspase-like activity increase in stress-induced microspore embryogenesis of barley. Journal of Experimental Botany, 63(5): 2007-2024.

13　外源 NO 对外植体细胞 H_2O_2 代谢和 NO 合成的影响

本章通过外源 NO 的供体 SNP 和抑制剂 PTIO 处理外植体细胞，对体细胞胚诱导过程中外植体细胞内 H_2O_2 和 NO 的含量，以及过氧化物酶（POD）、超氧化物歧化酶（SOD）、多酚氧化酶（PPO）、一氧化氮合酶（NOS）、硝酸还原酶（NR）活性的影响，以阐述外源添加（或清除）NO 在水曲柳体细胞胚胎发生中 H_2O_2 代谢和 NO 合成的作用机理。

13.1　材料与方法

13.1.1　试验材料

外植体的制备及 SNP 和 PTIO 处理方法同 12.1.1，以正常诱导水曲柳体细胞胚为对照，分别取第 3 天、第 7 天、第 9 天、第 13 天、第 15 天和第 19 天的培养材料进行相关指标测定。

13.1.2　试验方法

细胞内 H_2O_2 和 NO 含量测定，以及 POD、PPO、SOD、NOS、NR 活性测定的方法同 11.1.2。

13.1.3　数据统计与分析

同 11.1.3。

13.2　结果与分析

13.2.1　细胞内 NO 和 H_2O_2 含量变化

SNP 处理的细胞内 NO 含量（图 13-1），在培养的第 3～7 天急速增加，第 7 天达到峰值（1.26μmol/g），高于对照和 PTIO 处理。在培养第 9～15 天急速降低后缓慢上升，高于对照。第 19 天达到最大峰值（1.63μmol/g）（此时为体细胞胚大量产生阶段，约是对照的 10 倍）。细胞内 H_2O_2 含量整体上呈逐渐增加的趋势

（图 13-2），但低于对照。在培养的第 3～9 天缓慢增加，在较低范围内浮动（0.09～0.37μmol/g），其中第 9 天时达到峰值（0.37μmol/g），但比对照低 38.33%。培养的第 13～15 天降低后缓慢升高，第 15 天达到最大峰值（0.38μmol/g），但比对照低 62.38%。其 NO 和 H₂O₂ 的比值高于对照（图 13-3）。只有培养的第 9 天比值小于 1，其他培养天数下的 NO 和 H₂O₂ 的比值均大于 1（即 NO 释放量高于 H₂O₂）。

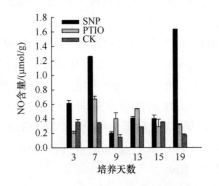

图 13-1 外源 NO 对水曲柳外植体
细胞内 NO 含量的影响

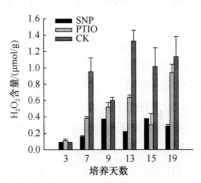

图 13-2 外源 NO 对水曲柳外植体
细胞内 H₂O₂ 含量的影响

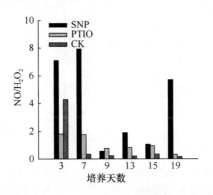

图 13-3 外源 NO 对水曲柳外植体细胞内 NO/H₂O₂ 的影响

PTIO 处理的细胞内 NO 含量（图 13-1），培养第 3～7 天急速增加，第 7 天达到最大峰值（0.67μmol/g，约是对照的 2 倍）。培养第 9～13 天缓慢降低后逐渐增加，第 13 天达到第 2 个峰值（0.53μmol/g，高于对照）。培养第 15～19 天急速降低后逐渐增加。其细胞内 H₂O₂ 含量（图 13-2），培养第 3～13 天逐渐增加，第 13 天达到峰值（0.64μmol/g），比对照低 51.88%，但高于 SNP 处理。第 15 天急速降低后，随着外植体褐化的进一步加深，到第 19 天时大量释放（0.94μmol/g）。其细胞内 NO/H₂O₂ 的比值（图 13-3），培养第 3 天和第 7 天较大，分别达到 1.81 和 1.77，但第 3 天的比值低于对照和 SNP 处理的比值。

综上所述，外源 NO 供体 SNP 处理促进细胞内 NO 的积累，抑制细胞内 H₂O₂ 的积累；但外源 NO 清除剂 PTIO 处理对细胞内 NO 的作用不明显，能够抑制细

胞内 H_2O_2 的积累，但其抑制作用没有 SNP 处理强。

13.2.2 ROS 相关酶活性变化

随着培养时间的延长，水曲柳体细胞胚胎发生中 POD 活性总体上呈逐渐增加的趋势（图 13-4）。SNP 处理的 POD 活性培养第 3~7 天，极显著低于对照（$P<0.01$）；培养第 9~15 天，POD 活性逐渐增加，极显著高于 PTIO 处理和对照（$P<0.01$）；第 19 天时达到最大值［1425.65U/（g·min），比对照高 39.58%］。其 PPO 活性（图 13-5），在第 7 天达到小高峰［19.76U/（g·min）］，第 9 天急速降低，培养第 13~15 天逐渐增加，第 15 天时达到最大峰值［46.91U/（g·min）］；第 19 天时极显著的低于 PTIO 处理和对照（$P<0.01$）。其 SOD 活性培养第 3~9 天逐渐升高（图 13-6），极显著高于对照处理（$P<0.01$）。在第 13 天时缓慢降低后，培养第 15~19 天活性飞跃式增加，第 19 天时达到高峰［1240.79U/（g·min）］，极显著高于对照和 PTIO 处理（$P<0.01$），其活性是对照的 3 倍。

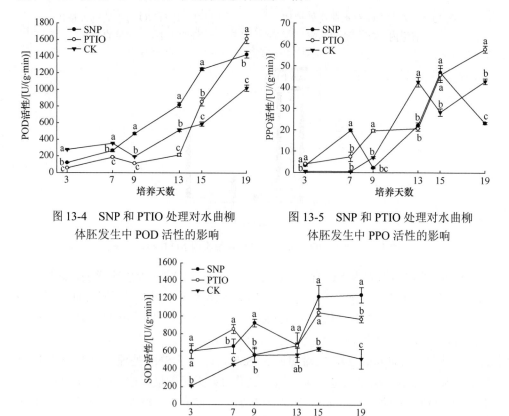

图 13-4　SNP 和 PTIO 处理对水曲柳体胚发生中 POD 活性的影响

图 13-5　SNP 和 PTIO 处理对水曲柳体胚发生中 PPO 活性的影响

图 13-6　SNP 和 PTIO 处理对水曲柳体胚发生中 SOD 活性的影响

PTIO 处理的 POD 活性（图 13-4），培养第 3～13 天极显著低于对照和 SNP 处理（$P<0.01$）。培养第 15～19 天，PTIO 处理的 POD 活性呈飞跃式增加，高于正常体细胞胚诱导程序，第 19 天时达到最大值 [1613.13U/（g·min），比对照高 57.94%]。其 PPO 活性培养的第 3～9 天（图 13-5），呈逐渐增加趋势，极显著高于对照（$P<0.01$）（此时外植体正处于逐步褐化阶段）。诱导培养第 13 天时缓慢增加。培养第 13～19 天飞跃式增加，外植体褐化进一步加剧，第 19 天时达到最大值 [57.92U/（g·min）]，比对照高 35.31%。其 SOD 活性在诱导培养第 3～7 天（图 13-6），极显著高于对照（$P<0.01$）。培养第 9～15 天降低后逐渐升高，第 15 天时达到最大值 [1041.57U/（g·min）]，第 19 天缓慢降低 [968.11U/（g·min）]。

综上所述，SNP 处理提高了 POD 和 SOD 活性，降低了 PPO 活性；PTIO 处理降低了 POD 活性，提高了 PPO 和 SOD 活性。

13.2.3　NO 相关酶活性变化

水曲柳体细胞胚中 SNP 处理的 NOS 活性（图 13-7），随培养时间的延长，与对照相似呈逐渐降低趋势。第 3 天时活性最高（约为 0.12U/mg），极显著高于 PTIO 处理和对照（$P<0.01$）。第 9 天达到小高峰（约为 0.10U/mg），极显著高于 PTIO 处理和对照（$P<0.01$）。之后急速降低后缓慢增加，第 15 天达到第 2 个小高峰（0.05U/mg，比对照高 14.11%）。第 19 天时活性最低（0.02U/mg），但仍高于 PTIO 处理和对照。其 NR 活性在第 3～9 天逐渐增加（图 13-8），第 9 天出现第 1 个峰值（16.38U/mg），比对照低 9.28%。第 13 天急速降低后，第 15 天达到第 2 个峰值（26.13U/mg）。

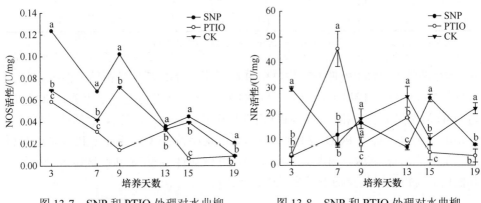

图 13-7　SNP 和 PTIO 处理对水曲柳　　　图 13-8　SNP 和 PTIO 处理对水曲柳
　　　体胚 NOS 活性的影响　　　　　　　　　　　体胚 NR 活性的影响

PTIO 处理 NOS 活性整体趋势与 SNP 处理和对照相似（图 13-7），随培养时间的延长均呈逐渐降低趋势。第 3 天时活性最强（0.06U/mg），极显著低于 SNP 处理和对照（$P<0.01$），分别低 52.43% 和 14.71%。之后逐渐降低，第 13 天略有增

加，达到小高峰（0.33U/mg），仍低于 SNP 处理和对照，第 15 天活性最低，达 0.01U/mg。其 NR 活性（图 13-8），第 7 天时其 NR 活性最强（45.30U/mg），达到峰值，是对照 NR 活性的 6.5 倍。第 9~13 天急速降低后缓慢升高，第 13 天达到第 2 个峰值（18.40U/mg），比对照低 30.94%，之后 NR 活性处于较低水平。

说明 SNP 处理对 NOS 活性有促进作用；PTIO 处理对 NOS 和 NR 活性具有抑制作用。无论添加还是清除 NO，均对 NR 活性具有抑制作用。

13.2.4　相关性分析

NO 供体 SNP 处理（表 13-1），H_2O_2 含量与 NO/H_2O_2 呈极显著负相关，与 NR 活性呈极显著正相关。NO 含量与 PCD 呈极显著负相关，与 NO/H_2O_2 呈极显著正相关。PCD 与 NOS 活性呈极显著正相关。POD 活性与 NOS 活性呈极显著负相关。其他指标间相关性差异均不显著（$P>0.05$）。

表 13-1　SNP 处理水曲柳体细胞胚胎发生中 H_2O_2 和 NO 合成与代谢的各指标间相关性分析

指标	H_2O_2 含量	NO 含量	NO/H_2O_2	PCD	SOD 活性	POD 活性	PPO 活性	NOS 活性	NR 活性
H_2O_2 含量	1								
NO 含量	−0.271	1							
NO/H_2O_2	−0.798**	0.731**	1						
PCD	0.104	−0.746**	−0.415	1					
SOD 活性	0.549	0.508	0.011	−0.223	1				
POD 活性	0.655*	0.242	−0.396	−0.458	0.539	1			
PPO 活性	0.072	0.166	−0.153	−0.358	−0.117	0.121	1		
NOS 活性	−0.373	−0.428	0.171	0.769**	−0.289	−0.839**	−0.526	1	
NR 活性	0.746**	−0.345	−0.563	0.005	0.329	0.385	−0.240	−0.171	1

*代表相关性达到显著水平（$P<0.05$），**代表相关性达到极显著水平（$P<0.01$）

NO 清除剂 PTIO 处理（表 13-2），H_2O_2 含量与 NR 活性呈极显著正相关。NO 含量与 NO/H_2O_2 呈极显著负相关，与 POD 和 PPO 活性呈显著正相关。NO/H_2O_2 与 POD 活性呈显著负相关，与 PPO 活性呈极显著负相关，与 NOS 活性呈极显著正相关。SOD 活性与 POD、PPO 活性呈显著正相关。POD 活性与 PPO 活性呈极显著正相关，与 NOS 活性呈显著负相关。PPO 活性与 NOS 活性呈显著负相关。其他指标间相关性差异均不显著（$P>0.05$）。

表 13-2　PTIO 处理水曲柳体细胞胚胎发生中 H_2O_2 和 NO 合成与代谢的各指标间相关性分析

指标	H_2O_2 含量	NO 含量	NO/H_2O_2	PCD	SOD 活性	POD 活性	PPO 活性	NOS 活性	NR 活性
H_2O_2 含量	1								
NO 含量	0.209	1							
NO/H_2O_2	0.159	−0.832**	1						

指标	H₂O₂ 含量	NO 含量	NO/H₂O₂	PCD	SOD 活性	POD 活性	PPO 活性	NOS 活性	NR 活性
PCD	−0.401	0.138	−0.110	1					
SOD 活性	0.135	0.232	−0.166	0.380	1				
POD 活性	−0.327	0.617*	−0.665*	0.553	0.689*	1			
PPO 活性	−0.352	0.654*	−0.828**	0.492	0.581*	0.936**	1		
NOS 活性	−0.021	−0.569	0.766**	−0.208	−0.542	−0.658*	−0.796*	1	
NR 活性	0.874**	−0.100	0.492	−0.330	0.197	−0.372	−0.519	0.184	1

* 代表相关性达到显著水平（$P<0.05$），** 代表相关性达到极显著水平（$P<0.01$）

13.3 讨　论

13.3.1 外源 NO 对内源 H₂O₂ 合成和代谢的影响

NO 在植物中起到抗氧化剂的作用，可以提高抗氧化酶活性，降低 ROS 对植株的氧化胁迫。有研究发现，外源 NO 通过提高 NaCl 胁迫下黄瓜幼苗（樊怀福等，2007）、小麦幼苗（王弯弯等，2017）、山葡萄叶片（赵滢等，2013）抗氧化酶活性，来缓解盐胁迫导致的 ROS 的累积，从而起到保护作用。在对南方红豆杉（*Taxus chinensis*）幼苗的研究中（李美兰等，2013），发现低浓度的 SNP 处理，可提高其细胞内抗氧化酶活性，降低 MDA 和 H₂O₂ 的含量。在 Cu 胁迫番茄幼苗的研究中（王丽娜等，2010），外源 NO 可以通过提高抗氧化酶（POD、APX、SOD、CAT）的表达水平而缓解 Cu 胁迫对番茄幼苗的伤害。本研究也发现相似结果，通过外源添加 NO 供体 SNP，能够显著提高细胞内抗氧化酶（POD、SOD）活性，抑制细胞内 H₂O₂ 的产生，从而缓解强氧化对外植体细胞的伤害。但 NO 清除剂 PTIO 处理的作用并不明显。此外还发现，NO 供体 SNP 处理对 PPO 活性有抑制作用，反之促进。

13.3.2 外源 NO 对内源 NO 合成和代谢的影响

在盐胁迫苜蓿（*Medicago sativa*）幼苗根系（周万海等，2015）的研究中发现，SNP 处理显著促进了苜蓿幼苗根系内源 NO 的积累，cPTIO 处理降低 NO 的积累。本研究表明，随着水曲柳体细胞胚胎发生诱导时间的延长，细胞内 NOS 和 NR 活性整体上呈逐渐降低的趋势，通过外源 SNP 处理，能够显著提高 NOS 活性，促进水曲柳外植体细胞内 NO 的积累。此外，外植体细胞 PCD 的发生与 NOS 活性和细胞内 NO 含量有关。由此可见，NO 参与了诱发水曲柳外植体细胞 PCD 的过程。并且细胞内 NO 由一氧化氮合酶（NOS）和硝酸还原酶（NR）途径共同合成，其中一氧化氮合酶（NOS）途径可能是合成 NO 的主要途径。研究还发现，PTIO 处理能够显著降低细胞内 NOS 和 NR 活性，但对内源 NO 含量的抑制作用并不明显。推测这种现象产生的原因：其一是 PTIO 处理虽在短时间内降低了 NO 相关合成酶活性，但其短暂效应可能存在滞后性；其二是 PTIO 处理在培养的第 3 天，细胞内 NO 含量处于较低水平，但与此同时细胞内 H_2O_2 瞬间暴发，可能通过细胞内 H_2O_2 的含量调控 NO 的含量。

综上所述，我们推测可能存在的机理是，随着诱导培养时间的延长，NOS 和 NR 活性降低，细胞内 NO 含量逐渐降低，H_2O_2 含量在细胞内大量积累，SOD、POD 和 PPO 活性随之升高，外植体细胞发生褐化，随着细胞分化的进一步加深，外植体细胞发生 PCD。在复杂的信号分子网络中，必须精准调控细胞内 H_2O_2 和 NO 的含量，才能确保水曲柳体细胞胚胎发生，但在这个过程中是否涉及二者与其他信号分子（如 Ca^{2+}、激素等）的共同作用，以及在水曲柳体细胞胚胎发生中褐化现象扮演什么角色，尚需要进一步研究。

13.4 本 章 结 论

本章通过外源改变 NO 含量，分析了其对水曲柳外植体细胞内 H_2O_2 代谢和 NO 合成的影响，结果表明：SNP 处理外植体提高了细胞内 POD、SOD、NOS 活性，降低了 PPO 活性，抑制了细胞内 H_2O_2 的积累，促进了细胞内 NO 的积累；PTIO 处理外植体降低了细胞内 POD、PPO、NOS、NR 活性，提高了 SOD 活性，抑制了细胞内 H_2O_2 的积累，但对 NO 的作用不明显。SNP 处理的细胞内 H_2O_2 含量与 NR 和 POD 正向调节有关，PCD 的发生是通过细胞内 NO 含量和 NOS 来调控的，细胞内 NO 含量的增加可抑制 PCD 的发生。NO 清除剂 PTIO 处理的细胞内 H_2O_2 含量与 NR 正向调控有关，细胞内 NO 含量与 POD 和 PPO 正向调控有关，细胞内 NO 和 H_2O_2 的比值高低与 POD 和 PPO 负向调节以及 NOS 正向调节有关。

参 考 文 献

樊怀福, 李娟, 郭世荣, 等. 2007. 外源 NO 对 NaCl 胁迫下黄瓜幼苗生长和根系谷胱甘肽抗氧化酶系统的影响. 西北植物学报, 27(8): 1611-1618.

李美兰, 李德文, 于景华, 等. 2013. 外源 NO 对南方红豆杉幼苗光合色素及抗氧化酶的影响. 植物研究, 33(1): 39-44.

王丽娜, 杨凤娟, 王秀峰, 等. 2010. 外源 NO 对铜胁迫下番茄幼苗生长及其抗氧化酶编码基因 mRNA 转录水平的影响. 园艺学报, 37(1): 47-52.

王弯弯, 诸葛玉平, 王慧桥, 等. 2017. 外源 NO 对盐胁迫下小麦幼苗生长及生理特性的影响. 土壤学报, 54(2): 1-10.

赵滢, 艾军, 王振兴, 等. 2013. 外源 NO 对 NaCl 胁迫下山葡萄叶片叶绿素荧光和抗氧化酶活性的影响. 核农学报, 27(6): 867-872.

周万海, 冯瑞章, 师尚礼, 等. 2015. NO 对盐胁迫下苜蓿根系生长抑制及氧化损伤的缓解效应. 生态学报, 35(11): 3606-3614.

14　水曲柳体细胞胚胎发生中细胞内 NO 合成途径分析

本章通过分别添加 L-NMMA 和 NaN$_3$ 两种 NO 合成途径的抑制剂，观察处理对水曲柳体细胞胚胎发生情况、细胞总死亡量、细胞内 H$_2$O$_2$ 和 NO 含量及 PCD 的影响，比较两种抑制剂之间的作用是否有显著差异，揭示在水曲柳体细胞胚胎发生中细胞内 NO 的合成途径，研究结果可为阐述植物细胞内 NO 的信号转导作用及其在植物发育中的作用补充新的实验证据。

14.1　材料与方法

14.1.1　试验材料

同 9.1.1。

14.1.2　试验方法

14.1.2.1　外植体处理

同 9.1.2.1。

14.1.2.2　体细胞胚诱导方法

诱导培养基同 9.1.2.1，培养条件同 9.1.2.1。诱导培养 30 天后转移到新鲜培养基中，并分别在诱导培养第 30 天、第 45 天和第 60 天观察统计体细胞胚胎发生情况。从诱导培养的第 1～21 天，每隔 2 天间断取培养材料。

14.1.2.3　相关指标测定方法

1. 细胞总死亡量检测

同 8.1.2.2。

2. 细胞内 H$_2$O$_2$ 含量测定

同 8.1.2.1。

3. 细胞内 NO 含量测定

同 10.1.2.3。

4. TUNEL 原位细胞凋亡检测

同 7.1.2.2。

14.1.3　数据统计与分析

利用体视解剖镜（Olympus SZX7）进行胚胎发育时期鉴定，拍照使用 Moticam 3000C 系统。采集的数据用于方差分析，平均值在 $P<0.05$ 水平或 $P<0.01$ 水平上进行邓肯氏多重比较，百分数数据在分析前进行反正弦转换。采用 Excel 2010 软件进行数据处理，使用 SigmaPlot 12.5 软件制图，并用 SPSS 19.0 软件进行方差分析和邓肯氏多重比较。

14.2　结果与分析

14.2.1　NO 抑制剂对体细胞胚胎发生的影响

从水曲柳体细胞胚诱导率的影响来看（图 14-1），培养 30 天、45 天和 60 天时，两种 NO 抑制剂处理的体细胞胚诱导率均低于对照，其中培养至 60 天时，正常体细胞胚诱导程序下，其体细胞胚诱导率达到最高（72.00%），NaN_3 处理居于第 2 位（70.19%，相比对照低 2.51%），L-NMMA 处理居于第 3 位（59.98%，相比对照低 16.69%）。说明两种处理均能降低体细胞胚诱导率，并且 L-NMMA 处理对体细胞胚诱导率的抑制作用比 NaN_3 处理强。

从体细胞胚褐化率来看（图 14-2），两种 NO 抑制剂处理下水曲柳体细胞胚褐化率均高于对照组。其中培养 30 天时，NaN_3 处理后的水曲柳体细胞胚褐化率最高（15.13%）。培养 45 天时，两种处理均高于对照。培养 60 天时，NaN_3 处理的体细胞胚褐化率（27.61%）显著高于 L-NMMA 处理和对照（$P<0.05$）。说明添加两种 NO 抑制剂，即降低外植体细胞内 NO 含量，均能加剧水曲柳体细胞胚的褐化，而 NaN_3 处理对加剧体细胞胚褐化的作用更显著。

从体细胞胚畸形率来看（图 14-3），培养 30 天时，两种 NO 抑制剂处理下水曲柳体细胞胚畸形率均略低于对照，培养 60 天时，L-NMMA 处理后的体细胞胚畸形率高于 NaN_3 处理和对照，是对照处理的 1.75 倍，且多数为球形胚（图 14-4）。从体细胞胚胎发生数量/外植体来看（表 14-1），培养 30 天、45 天、60 天时，两种处理的体细胞胚胎发生数量/外植体均低于对照，其中培养 60 天时，对照组的体细胞胚胎发生数量/外植体最高（每外植约 11 个），NaN_3 处理体细胞胚胎发生数量/外植体居于第 2 位（每外植体约 8 个），L-NMMA 处理体细胞胚胎发生数量/外植体居于第 3 位（每外植体约 6 个）。说明 L-NMMA 和 NaN₃ 处理均对体细胞胚胎发生数量/外植体有抑制作用。

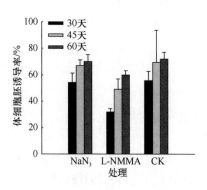

图 14-1　不同 NO 抑制剂对水曲柳
体细胞胚诱导率的影响

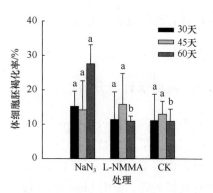

图 14-2　不同 NO 抑制剂对水曲柳
体细胞胚褐化率的影响
字母表示方差分析和邓肯氏多重比较结果，
不同小写字母表示在 0.05 水平上差异显著

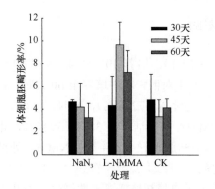

图 14-3　不同 NO 抑制剂对水曲柳
体细胞胚畸形率的影响

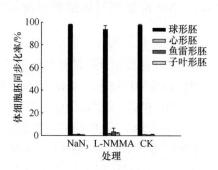

图 14-4　不同 NO 抑制剂对水曲柳体细胞
胚培养 60 天时同步化率的影响

表 14-1　不同 NO 抑制剂对水曲柳体细胞胚胎发生数量/外植体的影响

处理	30 天体细胞胚胎发生数量/外植体	45 天体细胞胚胎发生数量/外植体	60 天体细胞胚胎发生数量/外植体
NaN₃	4.21±0.94	6.19±0.44 a	7.54±0.92
L-NMMA	3.47±0.52	2.95±0.32 b	5.55±1.61
CK	4.60±0.41	6.39±0.73 a	10.55±1.91

注：字母表示邓肯氏多重比较结果，不同小写字母表示在 0.05 水平上差异显著

14.2.2　细胞内 H₂O₂ 含量变化

在水曲柳正常体细胞胚诱导程序中，H₂O₂ 含量在不同培养天数下差异极显著

（$P<0.01$）。其中在培养初期（第 1～3 天）缓慢增加（图 14-5），第 5 天达到第一个峰值（0.75μmol/g），培养第 5～11 天时呈先降低后增加再降低的趋势，第 13 天暴发式上升，达到最高峰（1.53μmol/g），第 15 天急速下降，随着早期原胚的大量产生，第 17 天时急速上升达到峰值（1.27μmol/g），培养第 19～21 天急速下降。

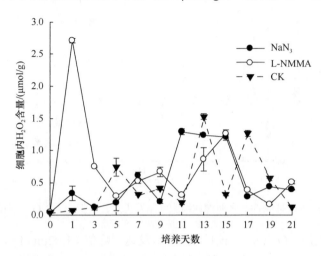

图 14-5　NO 抑制剂对水曲柳体细胞胚胎发生过程中细胞内 H_2O_2 含量的影响

NaN_3 处理的 H_2O_2 含量在第 1 天出现小高峰（0.34μmol/g，图 14-5），培养第 3～7 天时缓慢降低后又急速上升，第 7 天达到小高峰（0.61μmol/g），第 9 天急速下降之后，培养第 11～15 天在较高水平浮动（1.21～1.29μmol/g），这种变化达到极显著水平（$P<0.01$）。此时处于非胚性细胞向体细胞胚分化阶段，其中第 11 天达到最大峰值（1.29μmol/g，比对照的最大峰值低 15.69%）。第 15 天略低于最大峰值，为 1.21μmol/g，第 17 天急速下降，培养第 19～21 天略有上升之后缓慢降低。

L-NMMA 处理的 H_2O_2 含量在第 1 天出现最高峰值（2.71μmol/g，图 14-5），这种变化达到极显著水平（$P<0.01$，比对照高 77.12%）。培养第 3～7 天缓慢降低后逐渐增加，第 9 天达到第 2 个峰值（0.67μmol/g）后略微降低，培养第 11～15 天逐渐增加，第 15 天大量暴发，达到峰值（1.26μmol/g，高于对照）。培养第 17～21 天缓慢降低后逐渐升高。

综上所述，说明两种 NO 抑制剂对 H_2O_2 含量有明显的抑制作用，其中 NaN_3 处理对 H_2O_2 的抑制作用比 L-NMMA 强。

14.2.3　细胞内 NO 含量变化

正常体细胞胚诱导程序的 NO 含量在培养第 1～5 天急速增加（图 14-6），第 5 天大量暴发达到峰值（0.72μmol/g），这种变化达到极显著水平（$P<0.01$）。培养第 5～9 天急速降低，培养第 11～13 天开始缓慢增加，第 13 天达到第 2 个峰值

（0.61μmol/g），之后逐渐降低。

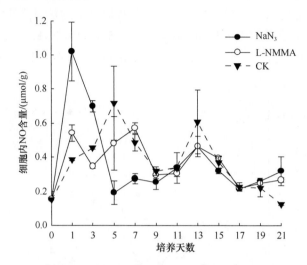

图 14-6　NO 抑制剂对水曲柳体细胞胚胎发生过程中细胞内 NO 含量的影响

　　NaN$_3$ 处理的 NO 含量在第 1 天大量暴发达到峰值（1.02μmol/g，图 14-6），极显著高于对照（$P<0.01$，约为对照的 3 倍）。培养第 3～5 天急速降低，之后在培养第 5～9 天先增加后略有降低，随后缓慢增加，第 13 天大量暴发，达到第 2 个峰值（0.46μmol/g），培养第 13～21 天急速降低后缓慢增加。

　　L-NMMA 处理的 NO 含量在第 1 天大量暴发（0.54μmol/g，图 14-6），培养第 3～7 天急速降低后缓慢增加，第 7 天大量暴发达到峰值（0.57μmol/g），比对照的最大峰值低 20.83%，第 9 天急速下降后，培养第 11～17 天逐渐增加后缓慢下降，在早期原胚大量产生的阶段（培养第 17～19 天）开始增加。

　　综上所述，培养第 1～5 天，两种 NO 抑制剂对 NO 的作用不明显。培养第 5～17 天，该阶段是体细胞向胚性细胞转化时期，两种 NO 抑制剂处理均对细胞内的 NO 含量有抑制作用，其中 NaN$_3$ 处理的抑制作用比 L-NMMA 强。培养第 17～21 天，两种处理均高于对照组，促进 NO 的产生。

14.2.4　细胞总死亡量分析

　　正常体细胞胚诱导程序中水曲柳体细胞胚细胞总死亡量在第 1 天飞跃式上升（图 14-7），达到高峰（75.77%），这种变化达到极显著水平（$P<0.01$）。第 3 天急速下降，随后缓慢增加，在相对较低水平浮动，第 11 天缓慢下降之后逐渐增加，第 15 天达到第 2 个高峰（47.01%），随后急速下降，第 19 天缓慢增加后逐渐降低。

　　NaN$_3$ 处理的水曲柳体细胞胚细胞总死亡量在第 1 天大量暴发（图 14-7），达到峰值（25.48%），第 3～9 天先增加后降低，在较低水平浮动（7%～13%），第

11～13 天飞跃式上升，此时处于早期原胚大量产生的阶段，第 13 天达到最高峰值（26.77%），这种变化达到差异极显著水平（$P<0.01$），比对照低 64.67%，随着大量胚性细胞的形成细胞总死亡量缓慢降低。

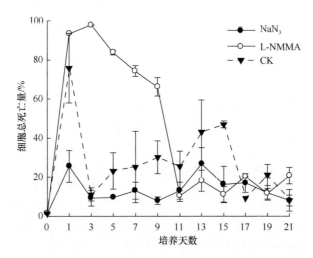

图 14-7　NO 抑制剂对水曲柳体细胞胚胎发生过程中细胞总死亡量的影响

L-NMMA 处理的细胞总死亡量在第 1～3 天飞跃式上升（图 14-7），第 1 天和第 3 天达到高峰，分别为 93.33% 和 97.75%，与对照相比，这种差异达到差异极显著水平（$P<0.01$）。第 5～11 天急速下降，第 11～21 天在较低水平浮动。

NaN_3 处理的细胞总死亡量低于对照，对细胞死亡有抑制作用；而 L-NMMA 处理在诱导培养第 1～9 天，对细胞总死亡量有明显的促进作用，显著高于 NaN_3 处理和正常体细胞胚诱导程序，之后普遍低于对照和 NaN_3 处理。

14.2.5　细胞 PCD 比例的变化

NO 抑制剂 NaN_3 处理的细胞 PCD 比例（图 14-8），培养第 1～5 天逐渐增加，分别在第 3 天（20.15%），第 5 天（21.89%）达到小高峰，但略低于正常诱导的体细胞胚胎发生程序。随后缓慢下降又急速升高，第 9 天达到峰值（29.51%）。诱导培养的第 11～21 天急速下降后呈飞跃升高，第 21 天达到最高峰值（31.58%），这种变化达极显著水平（$P<0.01$），比正常诱导体细胞胚胎发生程序高 20.67%。

NO 抑制剂 L-NMMA 处理的细胞 PCD 比例（图 14-9），培养第 1 天和第 3 天呈暴发式增长，其中第 1 天达到 17.31%，第 3 天达到最高峰值（39.92%），这种达极显著水平（$P<0.01$），比正常体细胞胚诱导程序高 52.54%。此后随着培养时间延长，细胞 PCD 比例急速下降后又缓慢增加，第 9 天和第 13 天达到小高峰，其峰值范围在 15% 左右，低于正常体细胞胚诱导程序。

两种抑制剂的 PCD 比例峰值均高于正常诱导体细胞胚胎发生。其中，

L-NMMA 处理的高峰值发生在体细胞胚诱导的前期（第 3 天），NaN$_3$ 处理的高峰值发生在体细胞胚诱导的后期（第 21 天），说明两种抑制剂分别在体细胞胚诱导的前期和后期起作用。

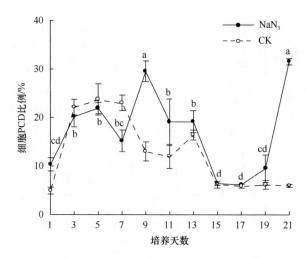

图 14-8　NaN$_3$ 处理对水曲柳体细胞胚胎发生过程中细胞 PCD 比例的影响
字母表示方差分析和邓肯氏多重比较结果，不同小写字母表示在 0.05 水平上差异显著

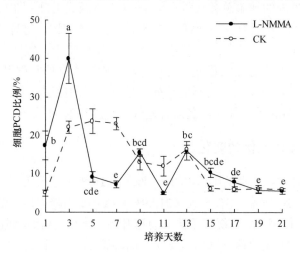

图 14-9　L-NMMA 处理对水曲柳体细胞胚胎发生过程中细胞 PCD 比例的影响
字母表示方差分析和邓肯氏多重比较结果，不同小写字母表示在 0.05 水平上差异显著

14.3　讨　　论

NO 作为植物中重要的生物活性分子，能够参与植物的生长发育、细胞凋亡及植物抗逆反应过程。其产生的主要途径可以归为两大类：一类是酶作用的产生途径；另一类是非酶作用的产生途径。在酶作用的产生途径中主要包括一氧化氮

合酶（NOS）途径和硝酸还原酶（NR）途径。类似哺乳动物的 NOS 活性已在多种植物的研究中发现，其活性能够被 L-NMMA 精氨酸衍生物特异性抑制（刘维仲等，2008）。而硝酸还原酶作为高等植物中同化硝酸盐的关键酶（程红焱和宋松泉，2005），可被其专一抑制剂叠氮化钠（NaN₃）完全抑制。本研究为了探讨水曲柳体细胞胚胎发生过程中内源 NO 的合成途径，分别添加两种合成途径抑制剂 L-NMMA 和 NaN₃，研究二者对水曲柳体细胞胚胎发生情况和细胞内 NO 与 H_2O_2 含量变化，以及细胞死亡情况的影响。

Barman 等（2014）研究表明，通过 SNP 处理均有效抑制荔枝果皮的褐化并显著提高了抗氧化酶活性。王晶（2015）研究表明，外源添加 PTIO 处理抑制了水曲柳体细胞胚胎发生，加剧了外植体的褐化。本研究发现，无论 NOS 抑制剂（L-NMMA 处理）还是 NR 抑制剂（NaN₃ 处理），阻碍了内源 NO 的合成，均显著抑制了水曲柳体细胞胚胎发生，加剧了外植体的褐化，其中 L-NMMA 处理对体细胞胚胎发生的抑制作用强于 NaN₃，而 NaN₃ 处理对加剧体细胞胚褐化作用更显著。这暗示了内源 NO 可能通过一氧化氮合酶和硝酸还原酶合成途径共同合成，两种合成途径在体细胞胚胎发生中的作用各不相同。

已在多种研究中将 NR 和 NO 的信号转导作用联系起来，已成为植物体内信号转导和防御反应中产生 NO 的主要候选酶（刘维仲等，2008）。NR 活性与氧的供应情况有关，一般来说 NO 的合成在有氧条件下主要依赖于 NR 途径（刘新等，2003）。本研究对细胞内 NO 和 H_2O_2 含量测定发现，在体细胞向胚性细胞转化时期，两种 NO 抑制剂对细胞内 NO 和 H_2O_2 含量均有抑制作用，其中 NaN₃ 处理的抑制作用比 L-NMMA 强。这与本书第 13 章中，通过外源改变细胞内 NO 含量，NR 活性与 H_2O_2 含量呈极显著正相关结果相一致。说明 NR 合成途径对细胞内 NO 和 H_2O_2 的积累起主导作用。

从测定细胞内总死亡量和 TUNEL 原位细胞检测统计 PCD 比例两个方面，探讨两种抑制剂对水曲柳外植体细胞死亡情况的影响。研究发现，NaN₃ 处理对细胞总死亡量有明显抑制作用，但对 PCD 比例有促进作用；而 L-NMMA 处理在体细胞胚诱导初期，对细胞总死亡量和 PCD 比例有促进作用，显著高于 NaN₃ 和正常体细胞胚诱导程序。可见，降低细胞内 NO 含量促进了外植体细胞 PCD 的发生，进一步证实了 NO 参与了调控水曲柳体细胞胚胎发生中 PCD 的过程，细胞内较低水平的 NO，未能缓解 H_2O_2 对细胞造成的氧化伤害，进一步诱发了细胞内 PCD 的发生，NOS 合成途径在其中起主导作用。这与 Pedroso 等（2000）对紫杉的研究结果相一致。

不同 NO 抑制剂处理下发现两个关键的规律：一是在 L-NMMA 处理下，NO 和 H_2O_2 在诱导培养的第 1 天达到峰值，之后在培养的第 3 天，水曲柳外植体细胞总死亡量和 PCD 比例达到最大峰值。二是在 NaN₃ 处理下，NO 和 H_2O_2 在培养的第 13 天达到峰值，此时处于大量体细胞向胚性细胞转化阶段，导致细胞总死亡量和 PCD 比例达到峰值。因此更进一步验证了，伴随着外植体细胞内 NO 和 H_2O_2 含量的大量积累，NO 和 H_2O_2 作为信号分子相互作用，共同诱发水曲柳体细胞胚胎发生中 PCD 大量暴发。此外，笔者推测水曲柳体细胞胚胎发生中内源 NO 由一氧化氮合酶和硝酸还原酶两种途径共同合成。在水曲柳体细胞胚胎发生的不同阶段，二者起到的主导作用时间节点不同，其中在体细胞胚诱导培养早期阶段，NOS 合成途径起主导作用；在大量非胚性向胚性细胞转化阶段，NR 合成途径起主导作用。

综上所述，水曲柳体细胞胚胎发生中内源 NO 由两种途径共同合成，两种 NO 抑制剂均抑制了水曲柳体细胞胚的发生、细胞内 NO 和 H_2O_2 的合成及外植体 PCD 的发生，二者起到主导作用时间节点和对体细胞胚胎发生的功能各不相同。虽然我们对水曲柳体细胞胚胎发生中内源 NO 合成途径进行了初步探讨，但对两种途径具体调控机理及相互关系还需进一步研究。

14.4 本章结论

本章分别通过添加两种 NO 合成途径 NOS 抑制剂（L-NMMA 处理）和 NR 抑制剂（NaN_3 处理），研究水曲柳体细胞胚胎发生中内源 NO 的合成途径，结果表明：两种 NO 抑制剂均抑制了水曲柳体细胞胚的发生，进一步加剧体细胞胚的褐化，并且 L-NMMA 对体细胞胚胎发生的抑制作用强于 NaN_3，而 NaN_3 处理对加剧水曲柳体细胞胚褐化作用更显著。在体细胞向胚性细胞转化时期，两种 NO 抑制剂对细胞内 NO 和 H_2O_2 含量均有抑制作用，其中 NaN_3 处理的抑制作用比 L-NMMA 强。NaN_3 处理对细胞总死亡量有明显抑制作用，但对 PCD 比例有促进作用；而 L-NMMA 处理在体细胞胚诱导初期，对细胞总死亡量和 PCD 比例有促进作用，显著高于 NaN_3 和正常体细胞胚诱导程序。

综上所述，水曲柳体细胞胚胎发生中内源 NO 由一氧化氮合酶和硝酸还原酶两种途径共同合成。在水曲柳体细胞胚胎发生的不同阶段，二者起到的主导作用时间节点和对体细胞胚胎发生的功能各不相同，其中在体细胞胚诱导培养早期阶段，NOS 合成途径起主导作用；在大量非胚性向胚性细胞转化阶段，NR 合成途径起主导作用。

参 考 文 献

程红焱, 宋松泉. 2005. 植物一氧化氮生物学的研究进展. 植物学通报, 22(6): 723-737.

刘维仲, 张润杰, 裴真明, 等. 2008. 一氧化氮在植物中的信号分子功能研究: 进展和展望. 自然科学进展, 18(1): 10-24.

刘新, 张蜀秋, 娄成后. 2003. 植物体内一氧化氮的来源及其与其他信号分子之间的关系. 植物生理学通讯, 39(5): 513-518.

王晶. 2015. 水曲柳体胚发生技术优化及 H_2O_2 和 NO 作用分析. 哈尔滨: 东北林业大学硕士学位论文.

Barman K, Siddiqui M W, Patel V B, et al. 2014. Nitric oxide reduces pericarp browning and preserves bioactive antioxidants in litchi. Scientia Horticulturae, 171: 71-77.

Pedroso M C, Magalhaes J R, Durzan D. 2000. Nitric oxide induces cell death in *Taxus* cells. Plant Science An International Journal of Experimental Plant Biology, 157(2): 173-180.

15 结论与研究展望

15.1 主要结论

以我国东北地区重要的珍贵阔叶树种水曲柳为研究对象，通过组织培养手段重点研究了以水曲柳成熟合子胚为外植体的体细胞胚诱导、增殖和成熟培养方法，水曲柳体细胞胚萌发和植株再生技术，并对水曲柳体细胞胚胎发生的形态学、组织细胞学和生物化学进行了分析，在此基础上分析了外源过氧化氢和外源一氧化氮对水曲柳体细胞胚胎发生以及外植体细胞程序性死亡、外植体细胞内活性氧代谢和一氧化氮合成的调控作用，并对水曲柳体细胞胚胎发生中一氧化氮信号的合成途径进行了初步探讨，研究结果可为阐述水曲柳体细胞胚胎发生调控机理提供理论和实验依据。主要结论如下。

1. 建立了以水曲柳成熟合子胚为外植体的体细胞胚胎发生途径的植株再生系统

（1）以水曲柳成熟合子胚子叶为外植体成功诱导出体细胞胚，最适宜的体细胞胚诱导培养基为 MS1/2，添加 5mg/L NAA 与 2mg/L 6-BA、400mg/L 酸水解酪蛋白（CH）、75g/L 蔗糖、6.5g/L 琼脂，pH 调整为 5.8。体细胞胚诱导率为 67.5%，在单个外植体上最多获得了 159 个体细胞胚。体细胞胚主要为直接发生（95%），81.5%的体细胞胚在外植体褐化部位发生。畸形胚所占比例不到 10%。在添加 10mmol/L ABA 的成熟培养基上获得了较高的体细胞胚成熟。

（2）H_2O_2 在水曲柳体细胞胚胎发生中起着重要的作用。适当增加外植体细胞内 H_2O_2 含量有利于体细胞胚诱导。短时间 H_2O_2 处理可促进水曲柳体细胞胚胎发生，抑制褐化死亡现象，而 H_2O_2 处理下长期培养则会抑制体细胞胚胎发生率，促进褐化死亡。低浓度的 H_2O_2 抑制畸形胚产生，而高浓度则促进。清除外植体细胞中 H_2O_2 降低了体细胞胚诱导率，有利于体细胞胚数量增加，降低畸形胚比例，但不利于体细胞胚进一步发育。在应用中，可利用低浓度 H_2O_2 处理外植体 30 天后，将外植体转移到无 H_2O_2 培养基中继续培养以获得更高的体细胞胚诱导率和较多的高质量体细胞胚。

（3）NO 在水曲柳体细胞胚胎发生中起着重要的作用。增加外植体细胞内 NO 含量有利于体细胞胚胎发生和发育。SNP 对水曲柳体细胞胚胎发生的促进作用在体细胞胚诱导初期明显。高浓度的 SNP 促进体细胞胚胎发生褐化现象。SNP 促进水曲柳体细胞胚大量发生，同时体细胞胚同步化率均有所提高，加快球形胚进一步发育，但体细胞胚畸形率有所提高。降低外植体细胞内 NO 含量不利于体细胞胚胎发生和发育。PTIO 处理抑制水曲柳体细胞胚胎发生，并随着浓度的增加抑制作用增强。PTIO 促使水曲柳外植体出现褐化死亡现象。PTIO 可减少体细胞胚胎发生数量/外植体，同时 PTIO 处理可使体细胞胚畸形率增加。在应用中，可利用外源 NO 供体 SNP 处理外植体以获得更高的体细胞胚诱导率和更多的高质量体细胞胚。

（4）水曲柳最佳的次生体细胞胚诱导培养基为 MS1/2，添加 0.05mg/L NAA、400mg/L 酸水解酪蛋白，加入 25g/L 蔗糖与 6g/L 琼脂。体细胞胚增殖率为 93.3%。次生体细胞胚在原初体细胞胚的胚根端表面发生；也经历了由球形胚、心形胚、鱼雷形胚、子叶形胚几个阶段，且不同步发生，有畸形子叶形胚出现。萌发培养基为 MS1/2，添加 0.2mg/L 6-BA、20g/L 蔗糖、200mg/L 酸水解酪蛋白和 6.0g/L 琼脂。培养 30 天后体细胞胚的萌发率为 92.0%，生根率为 27.1%。生根培养基为 1/3MS，添加 0.01mg/L NAA，94.4%转化为再生植株。将体培苗转入用 MS（无糖和激素）营养液混匀的基质中（草炭土、蛭石、珍珠岩体积比例为 5：3：2，且已灭菌），最终移栽成活率为 85%。

（5）不同状态的体细胞胚中，随着发育程度的加深，未变绿体细胞胚的增殖率呈先增加后减小的趋势；变绿体细胞胚的增殖率逐渐减小。4mm 未变绿体细胞胚的增殖率最高（42.98%）。未变绿体细胞胚的增殖数量比变绿体细胞胚高。体细胞胚多通过直接发生方式进行增殖。通过愈伤组织间接增殖的增殖率和体细胞胚胎发生数量/外植体均比直接增殖的高，但同时畸形次生体细胞胚率也很高。不同继代次数的水曲柳体细胞胚均 100%增殖，其增殖倍数随继代次数的增加而增加。随着继代次数的增加，次生体细胞胚的同步化主要以球形次生体细胞胚为主，同时畸形次生体细胞胚率和褐化次生体细胞胚率也有所升高。次生体细胞胚多数直接增殖在胚轴和胚根上，极少发生在子叶上；且体细胞胚越幼嫩，越易在胚根上发生增殖；越成熟，越易在胚轴上发生增殖。未变绿体细胞胚和杆状畸形体细胞胚均以球形次生体细胞胚同步为主，变绿体细胞胚以子叶形次生体细胞胚同步为主。变绿体细胞胚的子叶形次生体细胞胚比未变绿体细胞胚的长。变绿体细胞胚的畸形次生体细胞胚率最高，其次是杆状畸形胚，而未变绿体细胞胚最小。体细胞胚在光下直接增殖培养时可进一步萌发生根。体细胞胚发育程度越高，其萌发率越大，体细胞胚越长，但生根率有所下降，胚根越短。根据以上研究结果得知，以水曲柳胚性愈伤组织为材料进行 6 次继代增殖培养得到的体细胞胚增殖效果最佳。

（6）在不同发育状态的体细胞胚中，变绿子叶形体细胞胚的萌发率和生根率均小于未变绿体细胞胚，未变绿体细胞胚成熟度越高，其萌发率越大。但是当培养时间延长至第 30 天时体细胞胚萌发率减小。随着体细胞胚发育程度增加，其体细胞胚褐化死亡率逐渐升高，并且变绿体细胞胚比未变绿体细胞胚的褐化死亡率高。随着培养时间的延长，体细胞胚褐化死亡率也均呈现升高的趋势。随着培养时间和增殖继代次数的增加，水曲柳体细胞胚萌发率呈现下降的趋势，且褐化死亡率增加。水曲柳胚性愈伤组织增殖继代 1 次以后，直接挑选 4～8mm 未变绿子叶形体细胞胚进行萌发培养得到的萌发效果最佳。随着继代次数的增加，水曲柳体细胞胚生根率呈现先升高后降低的趋势。随着生根培养时间的延长，体细胞胚褐化死亡率也逐渐增加。水曲柳胚性愈伤组织增殖继代 4 次以后，直接挑选 15mm 子叶形体细胞胚进行生根培养得到的生根效果最佳。

2. 阐述了水曲柳体细胞胚的发生发育过程

（1）由成熟合子胚诱导的水曲柳体细胞胚，起源于表皮细胞，为单细胞起源。体细胞胚的发生过程与合子胚类似；成熟的子叶形体细胞胚具有明显的"Y"字形维管组织，且已经分化出子叶、胚轴、胚根；在球形胚、心形胚、鱼雷形胚及早期子叶形胚阶段，存在类似胚柄的结构，之后退化消失；已经形成的体细胞胚与周围细胞有明显界限，且很容易与周围组织分离。

（2）在水曲柳早期体细胞胚胎发生过程中发生了细胞程序性死亡，引起了外植体细胞主动性死亡——凋亡。第 7 天时，大量的染色体 DNA 发生断裂，细胞核染色质为凝聚结构，细胞开始相继发生 PCD；第 13 天时，凋亡细胞的高度凝集的染色质团块被分割成膜包被的凋亡小体，细胞解体；第 17 天时，胚性细胞表达胚性，平周分裂成为二细胞时期，有的胚性细胞发育至四细胞时期。至第 19 天时，观察到早期球形胚出现，同时其周围存在大量细胞凋亡后产生的空腔，可观察到大量染色体 DNA 变成不规则状开裂，成块状或散裂状分布，核膜破裂。

3. 筛选出判断胚性细胞形成和体细胞胚胎发生的生化指标

外植体细胞内源 H_2O_2 含量在诱导培养第 18 天时出现最大峰值，该时期处在胚性细胞向体细胞胚分化发生的阶段；之后有一个缓慢下降期，在第 33 天时开始平稳缓缓增加，到第 40 天体细胞胚趋向成熟阶段出现一个小的波峰。细胞总死亡量在培养的第 15 天、第 27 天和第 40 天 3 个时期出现峰值。第 1 次波峰出现在第 15 天左右，处在胚性细胞向体细胞胚分化发生的阶段；第 2 次波峰出现在第 27 天左右，为球形胚大量出现的阶段；第 3 次波峰为鱼雷形胚、子叶形胚多发的阶段，即体细胞胚趋向形态成熟的阶段。最高峰出现在第 40 天体细胞胚趋向形态成熟阶段，推断是由于培养时期的延长，外植体细胞发生了坏死，导致细胞总死亡量剧增；而第 1 次高峰期，则主要是细胞程序化死亡引起的，凋亡的细胞为胚性细胞的发生提供了营养供给和空间。前期发生 PCD 后，加速了外植体的褐化。H_2O_2 含量增加可诱导 PCD 的发生。在 PCD 大量发生之前，H_2O_2 含量呈现缓慢上升的趋势，因此活性氧暴发可以认为是 PCD 的前兆。

4. 阐述了 H_2O_2 和 NO 调控水曲柳体细胞胚胎发生的作用机理

（1）H_2O_2 和 NO 均参与了水曲柳体细胞胚胎发生过程中的外植体细胞死亡过

程，且与外植体细胞的 PCD 关系密切，可以作为水曲柳体细胞胚胎发生中外植体细胞 PCD 的指示性信号。

（2）在正常体细胞胚胎发生过程中，细胞内 H_2O_2 和 NO 峰值均出现在外植体细胞总死亡量峰值之前，NO 先于 H_2O_2 出现，且细胞总死亡量均随着细胞内 H_2O_2 或 NO 含量的增加而增加，其中 H_2O_2 含量与细胞总死亡量的关系更密切。因此推测 NO 和 H_2O_2 均作为信号分子调控细胞死亡进程，在信号网络中 NO 作为 H_2O_2 上游信号，参与调控细胞死亡的过程。H_2O_2 处理抑制细胞总死亡量，促进细胞内 H_2O_2 含量的生成，促进细胞内 NO 含量的生成。CAT 处理抑制细胞总死亡量，抑制细胞内 H_2O_2 含量的生成，抑制细胞内 NO 的生成。

（3）外源 H_2O_2 处理促进了细胞内 NO 和 H_2O_2 合成积累；CAT 处理抑制了细胞的 NO 及 H_2O_2 合成积累。两种处理均提高了 SOD 活性。培养第 9～13 天时，POD 活性大小顺序为 CAT 处理>H_2O_2 处理>CK，PPO 活性大小顺序为 H_2O_2 处理>CAT 处理>CK；培养第 15～19 天时，POD 活性大小顺序为 H_2O_2 处理>CAT 处理>CK，PPO 活性两种处理均低于对照。培养第 3～9 天，两种处理均提高了 NOS 和 NR 活性；培养第 13～19 天，两种处理均降低了 NOS 和 NR 活性。推测 NO 可能位于 H_2O_2 上游，通过调控抗氧化酶和一氧化氮合成酶活性，调节内源 H_2O_2 含量，保持水曲柳外植体细胞内 NO/H_2O_2 的平衡，缓解低氧或高氧胁迫造成的伤害。

（4）SNP 处理外植体抑制了细胞死亡，细胞总死亡量减小；抑制细胞内 H_2O_2 的产生，细胞内 H_2O_2 含量减少；促进细胞内 NO 的产生，细胞内 NO 含量增加。PTIO 同样抑制了细胞死亡，细胞总死亡量减少；抑制细胞内 H_2O_2 的产生，细胞内 H_2O_2 含量减少；但抑制了细胞内 NO 的产生，细胞内 NO 含量减少。说明 NO 参与了高浓度蔗糖胁迫诱导的水曲柳外植体细胞内 H_2O_2 生成和细胞死亡过程，但由于细胞内 NO 含量不同，其诱导的 PCD 细胞/死亡细胞比例也有所不同，导致了不同的体细胞胚胎发生结果。

（5）水曲柳体细胞胚胎发生中内源 NO 由一氧化氮合成酶和硝酸还原酶两种途径共同合成。在水曲柳体细胞胚胎发生的不同阶段，二者起到的主导作用时间节点和对体细胞胚胎发生的功能各不相同，其中在体细胞胚诱导培养早期阶段，NOS 合成途径起主导作用；在大量非胚性向胚性细胞转化阶段，NR 合成途径起主导作用。

15.2　水曲柳体细胞胚胎发生的研究展望

水曲柳体细胞胚胎发生途径的植株再生系统的建立对水曲柳优良种质资源的保护和开发利用具有非常重要的实践意义。水曲柳体细胞胚胎发生技术的应用，一方面，有利于水曲柳种质资源的保护，实现水曲柳优良种质资源的长期可持续利用；另一方面，可实现水曲柳优良植株的扩大繁殖和无性系林分的建立，产生巨大的经济、社会和生态效益。

随着林业生产实践中对造林用优质壮苗的需求不断提高及无性系林业的不断发展，水曲柳体细胞胚胎发生技术已成为研究热点，为充分实现水曲柳种质资源保护、优良种质资源扩大繁殖，并最终实现水曲柳无性系林业走出实验室走向应用的目的，目前还有以下几方面的研究内容亟待加强。

（1）植物体细胞胚胎发生调控机理的阐述。关于植物体细胞转变为胚性细胞进而产生体细胞胚的机理研究，目前尚处于摸索阶段，今后可以从细胞器和分子水平上进行更深入的研究，以更好地揭示植物体细胞胚胎发生的调控机理。

（2）水曲柳优良种质资源的长期保存。目前，通过常规组织培养手段，经过定期继代的方法，可以把水曲柳优良种质资源保存一年以上。今后结合低温和超低温保存技术，有望将水曲柳优良种质资源保存时间延长，从而为更好地保存水曲柳优良种质资源提供依据。

（3）水曲柳体细胞胚胎发生体系的完善、人工种子的制备和机械化播种的应用。目前已经建立了水曲柳体细胞胚胎发生途径的植株再生技术，但体细胞胚的增殖培养是在固体培养基上进行的，使得水曲柳体细胞胚的增殖系数不高，增殖产生的体细胞胚数量不多。今后应该建立水曲柳体细胞胚的液体增殖培养方法，并利用生物反应器进行培养，以获得更多数量的优质体细胞胚用于苗木再生。水曲柳人工种子制备和保存及机械化播种的应用将成为下一个重要的研究目标，从而可以更好地实现水曲柳优良植株的扩大繁殖，最终促进水曲柳优良无性系林分的形成。

编　后　记

　　《博士后文库》（以下简称《文库》）是汇集自然科学领域博士后研究人员优秀学术成果的系列丛书。《文库》致力于打造专属于博士后学术创新的旗舰品牌，营造博士后百花齐放的学术氛围，提升博士后优秀成果的学术和社会影响力。

　　《文库》出版资助工作开展以来，得到了全国博士后管委会办公室、中国博士后科学基金会、中国科学院、科学出版社等有关单位领导的大力支持，众多热心博士后事业的专家学者给予积极的建议，工作人员做了大量艰苦细致的工作。在此，我们一并表示感谢！

《博士后文库》编委会